CANON EOS 450D
DIGITAL
PRAXISBUCH

Alle Rechte, auch die der Übersetzung vorbehalten. Kein Teil des Werkes darf in irgendeiner Form (Druck, Fotokopie, Mikrofilm, elektronische Medien oder einem anderen Verfahren) ohne schriftliche Genehmigung des Verlages reproduziert oder unter Verwendung elektronischer Systeme verarbeitet, vervielfältigt oder verbreitet werden. Der Verlag übernimmt keine Gewähr für die Funktion einzelner Programme oder von Teilen derselben. Insbesondere übernimmt er keinerlei Haftung für eventuelle aus dem Gebrauch resultierende Folgeschäden.

Die Wiedergabe von Gebrauchsnamen, Handelsnamen, Warenbezeichnungen usw. in diesem Werk berechtigt auch ohne besondere Kennzeichnung nicht zu der Annahme, dass solche Namen im Sinne der Warenzeichen- und Markenschutzgesetzgebung als frei zu betrachten wären und daher von jedermann benutzt werden dürften.

ISBN 978-3-925334-88-7

1. Auflage: Mai 2008

Bildnachweis:
Alle Bilder, wenn nicht anders vermerkt, vom Autor; Produktfotos und grafische Darstellungen vom Autor oder Canon Deutschland. Bilder von anderen Bildautoren sind gesondert gekennzeichnet.

© 2008 by Point of Sale Verlag Gerfried Urban, D-82065 Baierbrunn
Printed in EU

Guido Krebs

PRAXISBUCH

Inhalt

8	**Vorwort**
10	**Einführung**
10	Der Unterschied zu Kompaktkameras
11	Immer alle Filme dabei
12	Volle Kontrolle: der LCD-Monitor
13	Und wie steht es um die Qualität?
14	**Die EOS 450D**
14	Auflösung
16	Autofokus
20	RAW-Modus
23	EOS Integrated Cleaning System
28	Live View Funktion
29	My Menu
32	**Fotografische Grundlagen**
33	Blende und Belichtungszeit
34	Bringt Licht ins Dunkel: der Verschluss
37	Ventil für Licht: die Blende
39	Scharfe Sache: die Schärfentiefe
43	**Automatische Schärfe: der Autofokus**
44	Wählbare Autofokusmodi
44	One Shot
45	AI Servo AF
45	AI Focus AF
47	Manuelle Messpunktwahl
47	Autofokus und Lichtstärke
47	Autofokus-Speicherfunktion
50	**Weißabgleich**
54	**Filmempfindlichkeit**
58	**Belichtungsmessung**
59	Mehrfeldmessung
61	Mittenbetont integrale Messung
61	Selektiv- und Spotmessung
63	Lichtmessung
64	Belichtungskorrekturfunktion
65	Speicherung des Belichtungsmesswertes
66	Belichtungsreihenautomatik
67	Belichtungskontrolle über Histogramm
68	**Belichtung mit Komfort**
68	Programmautomatik und „Grüne Welle"
70	Zeitautomatik (Blendenpriorität)
72	Blendenautomatik (Zeitpriorität)
73	Manuelle Einstellung
73	Schärfentiefeautomatik
76	**Motivprogramme**
76	Sport
76	Landschaftsaufnahme-Modus

77	Portrait-Automatik
77	Nahaufnahmeprogramm
77	Nachtportraitaufnahmen
78	**Besondere Einstellungen**
79	sRGB und Adobe RGB
79	sRGB
80	Adobe RGB
80	Schärfe, Kontrast, Sättigung und Farbton
83	Picture Styles
87	RAW-Modus und alte EOS-Modelle
88	Mehr Picture Styles im Download
90	Individuelle Einstellungen der Picture Styles
90	Manuelle Einstellung der Schärfe
91	Manuelle Kontrasteinstellung
93	Manuelle Sättigungseinstellung
93	Manuelle Farbtoneinstellung
94	Schwarzweißmodus
94	Picture Style Editor
95	Serienaufnahmen
96	Custom-Funktionen
102	**Das EF-Objektivsystem**
103	EF-Bajonett
103	EMD – elektromechanische Blende
104	AFD Autofokusmotor
105	USM Autofokusmotor
106	Manuelle Fokussierung (MF)
106	Bildstabilisator IS
108	Asphärische Linsen
109	Fluorit- und UD-Linsen
111	DO-Objektive
112	L-Objektive
113	**Optische Grundlagen**
113	Brennweiten
114	Brennweiten und Perspektive
118	Einsatzgebiete
122	Der visuelle Brennweitenfaktor 1,6
123	Abbildungsmaßstab
123	Brennweitenvergleich Vollformat zu 1,6x
127	Abbildungsfehler
127	Vignettierung
128	Verzeichnung
129	**Alle Objektive im Detail**
129	Kompatibilität
129	Fremdobjektive
130	EF-S/EF
131	Alle Objektive kurz vorgestellt

131	Festbrennweiten
131	Weitwinkel
133	Normalobjektive
133	Teleobjektive
139	Zoomobjektive
139	Weitwinkelzooms
140	Universalzooms
144	Telezooms
149	Spezialitäten
149	Makroobjektive
150	Softfokus-Objektiv
151	Fischauge
152	TS-E-Objektive
155	Vorschläge für sinnvolle Kombinationen
156	Telekonverter
157	Streulichtblender
158	Zwischenringe
158	Balgengerät
159	Adapter und mehr
160	**Blitz optimal einsetzen**
160	E-TTL-Blitztechnologie
164	Blitzbelichtungskorrektur
165	Aufhellblitzen
165	Kurzzeitsynchronsation
166	EOS-Blitzgeräte der EX-Serie
170	Indirektes Blitzen
172	Das E-TTL Zubehörsystem
172	Entfesseltes Blitzen
179	Blitzen mit einer Studioblitzanlage
182	**Fotografieren mit Zubehör**
186	Filter
189	Stativ
191	Wasserwaage
192	Tipps zur Makrofotografie
194	**Sensorreinigung**
197	**Firmware-Upgrade**
202	**Bilder speichern**
203	Speichermedien
204	Speicherformate
205	Farbtiefe
207	RAW-Modus
211	**Bildübertragung**
211	Schnittstellen
213	CF-Kartenlesegeräte
213	**Canon Sofftware**
213	EOS Utility

214	Remote Capture
218	Digital Photo Professional (DPP)
228	**Farbmanagement**
228	Grundlagen zu Farbräumen
228	Gebräuchliche Farbräume
230	Arbeitsfarbraum
232	Monitor richtig einstellen
234	Workflow
235	Der einfache sRGB Workflow
235	Der ECI-RGB Workflow
240	**Bearbeiten**
240	Allgemeines zur Software
240	Bildoptimierung mit Photoshop und Photoshop Elements – die wichtigsten Funktionen
241	Das Histogramm: perfekte Kontrolle
242	Finger weg: Korrekturen mit der Helligkeitsfunktion!
242	Tonwertanpassung
244	Gradationskurven
244	Selektive Farbkorrekturen
245	Unscharfmaskierung
247	Kontrastanpassung
248	Nützliches Zubehör: Grafiktabletts
249	Panoramafotografie
250	Panoramen aufnehmen
256	Eine Spezialität: 360°-Panoramen
256	Architekturaufnahmen
260	**Drucken**
260	Druckverfahren
260	Thermosublimationsdruck
263	Tintenstrahldruck
266	Auflösung und Dithering
266	Tröpfchengröße
267	Advanced Microfine Droplets
268	Fototinten
269	Drucken mit 8 Farben
271	Ausbelichtung
272	Bilder optimal drucken
272	Papierwahl
276	Haltbarkeit von Ausdrucken
277	Treibereinstellungen
279	Bildauflösung anpassen
282	Die Drucker der SELPHY-serie
284	**Zu guter Letzt**
288	**Objektivtabelle**
292	**Index**

Vorwort

Liebe Leserin, lieber Leser!

Sie halten gerade ein Buch zur digitalen Canon EOS 450D in Ihren Händen. Natürlich werden Sie sich jetzt fragen, ob Ihnen die Lektüre dieses Buches etwas bringen wird. Zuerst eine Bemerkung meinerseits: es ist kein Ersatz für die Bedienungsanleitung! Sie sollten die Funktionen Ihrer Kamera im Groben kennen, denn ich möchte nicht durch das Wiederholen der Inhalte aus der Bedienungsanleitung Ihre Zeit vertrödeln.
Die digitale Fotografie erfindet das Fotografieren nicht neu. Viele grundsätzliche Zusammenhänge bleiben so, wie Sie sie kennen oder zumindest ähnlich. Dennoch gibt es viele neue Funktionen, neuen kreativen Spielraum und die Möglichkeit, die Bilder selbst zu bearbeiten und einfach zu Hause in Fachabzugsqualität zu drucken – mit oder ohne Computer.
Ich möchte Ihnen die Grundlagen vermitteln, die es Ihnen ermöglichen, aus Ihrer EOS 450D das Optimale herauszuholen. Denn nur das Verständnis fotografisch-technischer Zusammenhänge lässt Ihrem kreativen Potenzial freien Lauf. Dabei möchte ich Ihnen diese Zusammenhänge möglichst einfach mit Blick auf Praxis und Nutzen nahe bringen. Die eine oder andere Erklärung wird daher nicht gänzlich wissenschaftlich korrekt sein. Oft sind viele Themen technisch sehr komplex, so dass ich mich entschieden habe, lieber Dinge im Wesentlichen und einfach verständlich zu erklären. Manchmal bleibt die Wissenschaftlichkeit dadurch etwas auf der Strecke – sie ist aber auch nicht Ziel dieses Buches. Schließlich soll die Canon EOS 450D Digitalfotoschule Praxistipps geben und nicht dozieren. Sie ist für alle diejenigen geschrieben und beispielhaft fotografiert, die für die fotografische Praxis Tipps und Tricks kennen lernen möchten, Kamerafunktionen bewusst einsetzen und damit fotografisch gestalten möchten. Und das ohne überflüssigen technischen Ballast, jedoch mit soviel Technik und Theorie wie nötig.
Auch kommt das Zubehör – Objektive, Blitzgeräte und anderes nützliches „Werkzeug" – nicht zu kurz. Fotografische Themen wie z.B. Panorama- und Makrofotografie werden mit Blick auf die

Vorwort

fotografische Praxis und das vorhandene Budget betrachtet, auch wird die eine oder andere Entscheidungshilfe gegeben. Schließlich ist das Canon-Sortiment recht komplex. Möglicherweise werden Sie die Besprechung von Fremdobjektiven vermissen. Als Canon-Mitarbeiter schlägt mein Herz natürlich auf der Canon-Seite. Aber der eigentliche Grund ist, dass ich alle hier vorgestellten Objektive, Blitze und Zubehöre selbst in der Praxis ausprobiert habe. Fremdobjektive leider nicht - und daher kann ich auch nicht über eigene Erfahrungen berichten. Ich bitte mir das nachzusehen.

Neben den Themen "Firmware-Update", "Picture Styles", "DPP Software" und "Sensorreinigung" wird natürlich auch die Live View Funktion mit den beiden AF-Varianten eine Rolle spielen. Vielleicht lesen Sie einfach einmal von der ersten bis zur letzten Seite, um die Zusammenhänge zwischen Aufnehmen, Bearbeiten und Drucken in der digitalen Fotografie kennen zu lernen. Danach wird Ihnen das Stichwortverzeichnis zur Beantwortung spezieller Fragen sicher weiterhelfen.

Ich hoffe, auch Sie lassen sich von der Faszination „digitale Spiegelreflexfotografie" anstecken und haben Spaß beim Lesen und Ausprobieren.

Ihr Guido Krebs

Danksagung:
Ich danke Jörg Ammon, Andrea Berndt, Jürgen Denter, Jürgen Großkopf, Michael Richter, Manfred Schufen und Martin Wieser für deren Geduld und Bereitschaft, jederzeit meine Fragen zu beantworten und mit guten Tipps zum Gelingen des Buches beizutragen.

Einführung

Der Unterschied zu Kompaktkameras

Aus der analogen Fotografie sind die beiden augenscheinlichsten Unterschiede zwischen einer Spiegelreflexkamera und einer gewöhnlichen Sucherkamera hinlänglich bekannt: der Spiegelreflexsucher und das Wechselobjektivsystem.

In der digitalen Kompaktkamerawelt gibt es inzwischen viele Kameras, die mit großen Zoomfaktoren und durch Konverter das Einsatzspektrum deutlich vergrößern, doch an die Flexibilität eines großen Wechselobjektivsystems kommen diese Lösungen nicht heran. Das Kapitel Objektive zeigt dies eindrucksvoll. Der Spiegelreflexsucher – früher DER Vorteil – ist wegen der LCD-Monitore der Kompaktkameras etwas aus dem Blickfeld geraten. Zugegeben, dreh- und schwenkbare Monitore haben einen großen Vorteil, doch wer LCD-Displays als Sucher in hellem Sonnenlicht nutzt, wird die Klarheit und den Detailreichtum eines Spiegelreflexsuchers schnell missen.

Ich möchte an dieser Stelle nicht auf alle prinzipiellen Unterschiede eingehen, da sie zum großen Teil hinlänglich bekannt sind. Aber ich möchte zwei große Unterschiede zu den digitalen Kompaktkameras herausstellen:

1. Zum einen sorgen bei einer Spiegelreflexkamera der Umlenkspiegel für das klare Sucherbild und der Schlitzverschluss für die nötige Flexibilität im Objektivbau. Zum anderen versperren gerade diese beiden Komponenten vor der eigentlichen Aufnahme dem Licht den Weg auf den Bildsensor. Auch muss man noch auf die beliebten Movie-Sequenzen verzichten, aber in Zukunft wird wohl auch diese Funktion Einzug in die Spiegelreflexwelt halten.

2. Digitale Spiegelreflexkameras besitzen deutlich größere Bildsensoren als die kompakten Schwestern. Das bringt gleich zwei Vorteile mit sich: geringeres Bildrauschen bei höheren Empfindlichkeiten und mehr Spielraum beim Einsatz von Schärfentiefe. Gerade die kreativen Fotografen dürften diese Möglichkeiten bei den kompakten Modellen schmerzlich vermisst haben.
Auch im digitalen Zeitalter wird klar, dass für die flexible, kreative und professionelle Fotografie kein Weg an einem flexiblen Spiegelreflexsystem vorbeiführt.

EINFÜHRUNG

Das Canon Objektivsystem bietet eine große Auswahl, für jeden Geschmack und Geldbeutel.

Foto: Canon

Immer alle Filme dabei

Da der CMOS-Chip in die Kamera fest eingebaut ist, kauft man bei der digitalen EOS gleich den Film mit! Denn der Chip und die darauf folgende Aufbereitung der Bilddaten beeinflussen die Bildeigenschaften, die bislang der Film beeinflusst hat.

Vorteil 1: Die Filmempfindlichkeit kann jederzeit variabel eingestellt werden. So kann von Aufnahme zu Aufnahme die optimale Empfindlichkeit eingestellt werden. Was als Mid-Roll-Change bei APS noch gefeiert wurde, ist in der digitalen Welt Standard!

Vorteil 2: Der Weißabgleich – eine Funktion aus der Videotechnik – sorgt für neutrale Farbwiedergabe unter fast allen Lichtverhältnissen. Was hier die Digitalkamera automatisch vollbringt, muss in der analogen Fotografie mühsam durch Filter herausgefiltert werden – und das ist teuer und umständlich. Natürlich kann so auch gezielt die Bildatmosphäre beeinflusst werden.

Volle Kontrolle: der LCD-Monitor

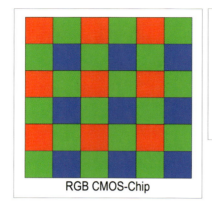

RGB CMOS-Chip

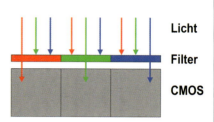

Entsprechend der Farbfilter erreicht nur eine Lichtfarbe das CMOS-Element. Die übrigen Farben werden durch Interpolation über die Nachbarfelder errechnet.

Was eine Spiegelreflexkamera auszeichnet, ist die nahezu 100%ige Kontrolle des Bildausschnittes. Das ist natürlich bei den digitalen EOS-Modellen ganz genauso. Durch den eingebauten LCD-Monitor ist aber mehr möglich. Vor Ort gibt es dadurch eine sofortige Bildkontrolle des gerade fotografierten Motivs – aber nicht nur der Ausschnitt, sondern auch die Belichtung kann so überprüft werden. Selbst manuelle Belichtungskorrekturen wer-

Grafiken: Canon

den kurz nach der Aufnahme sichtbar gemacht. In dieser Hinsicht ist jede digitale EOS den analogen Kollegen weit überlegen. Wer schon mit neueren digitalen Kompaktkameras gearbeitet hat, wird bei der EOS 450D vielleicht ein lieb gewonnenes Feature wiederfinden: den Live View Modus des Monitors.

Er funktioniert nicht als Suchermonitor! Prinzipbedingt muss hier der Sucher durch den Spiegel verschlossen werden, so dass beide Sucherarten nicht gleichzeitig genutzt werden können. Das klare und präzise Sucherbild des Spiegelreflexsuchers brilliert jedoch durch eine bessere Bildkontrolle und, bedingt durch die Kamerahaltung, mit größerer Verwacklungssicherheit.

Und wie steht es um die Qualität?

Bislang blieb die Bildqualität der Digitalkameras außen vor. Denn die Frage, ob die digitale Fotografie so gut ist wie der Kleinbildfilm, lässt sich nicht immer eindeutig beantworten. Vergleicht man die Ergebnisse der EOS 450D mit denen vom Farbnegativfilm, so werden die digitalen Ergebnisse erheblich besser sein. Lediglich in der Projektion und vielleicht in hochwertigster Schwarzweißverarbeitung könnte Film noch Nuancen besser sein. Aber in der Praxis spielt die EOS 450D auf einen hoch professionellen Niveau, das mit Film nicht so ohne weiteres erreichbar war. Besonders bei hohen ISO-Werten übertrifft sie den klassischen Kleinbildfilm überdeutlich. Selbst die Ergebnisse der „alten" EOS D30 mit ihren drei Megapixel erlauben Ausdrucke in A4-Größe, mit der EOS 450D sind ohne Probleme auch ausstellungsfähige Größen bis A3+ und mehr drin. Der Vergleich der Bildqualität mit dem kleinen Mittelformat 6x4,5cm zwingt sich hier schon auf!

Nicht zu vergessen: Der zusätzliche Spaß, den eine Digitalkamera bereitet. Auch geht man digital anders an das Fotografieren heran. Es wird mehr experimentiert, man lernt mehr und schneller, die Bilder sind spontaner, andere Perspektiven werden ausprobiert. Wenn's nichts geworden ist, werden die Bilder eben wieder gelöscht. Kreative Fotografen werden erstaunt feststellen, welches kreative Potenzial sich aus dem Einsatz einer Digitalkamera ergibt. Sicher! Versprochen!

Die EOS 450D

Dieses Kapitel soll einen Überblick über die wichtigsten Kameraeigenschaften und deren Einsatz geben. Am Ende der meisten Teile finden Sie Verweise, in welchen Kapiteln Sie eine ausführliche Behandlung des jeweiligen Themas finden können.

Die EOS 450D tritt in die Fußstapfen der EOS 400D und damit ein schweres Erbe an, denn die EOS 400D war die weltweit meistverkaufte digitale SLR. Aber die EOS 450D basiert nun technisch auf der EOS 40D und kann mit einer Fülle an Verbesserungen aufwarten - ein würdiger Nachfolger also.

Auflösung
Mit einer Auflösung von 12,2 Megapixeln bietet die EOS 450D nun noch mehr Reserven, um mit hohen Ansprüchen auch Bilder im Format 30 x 45 cm bzw. DIN A3+ zu realisieren - das ist sicherlich genug, um an Ausstellungen und Wettbewerben teilzunehmen.

EOS 450D

Tipp:
Sollen Bilder für eine Online-Auktion oder von der Familienfeier im Postkartenformat angefertigt werden, sollte man nicht vergessen, die Auflösung zu reduzieren. Das spart Platz auf Speicherkarte und Festplatte, Zeit und Nerven.

Thema Auflösung ab Seite 266
Thema Drucken ab Seite 260

Belichtungsmessung
Die EOS 450D bietet die Möglichkeit verschiedene Belichtungsmessmethoden zu aktivieren. In den Belichtungsprogrammen P, Av, TV und M kann man zwischen den vier Canon-typischen Messmethoden wählen: Mehrfeldmessung mit 35 Messfeldern, Selektivmessung, Spotmessung und mittenbetonte Integralmessung.

Tipp:
In den allermeisten Fällen leistet die Mehrfeldmessung perfekte Dienste und sollte daher die Standardeinstellung sein. Bei einigen Motiven, z.B. starkes Gegenlicht, lohnt es sich aber dennoch, z.B. auf die professionelle Spotmessung zurückzugreifen.

Thema Belichtungsmessmethoden ab Seite 58

Kreativprogramme

Motivprogramme

Belichtungsprogramme
Die EOS 450D arbeitet mit den Belichtungsprogrammen, wie sie die Anwender der meisten analogen EOS-Modelle schon kennen. Canon unterscheidet zwischen Motivprogrammen und Kreativprogrammen. Motivprogramme liefern auch dem ungeübten Anwender je nach Motivart sehr gute Ergebnisse, und die wichtigsten Einstellungen werden dem Anwender abgenommen, es wird sogar die genutzte Objektivbrennweite berücksichtigt. Diese Motivprogramme sind überaus praktisch und sollten nicht als Kinderkram abgetan werden.

Kreativprogramme richten sich an die Freunde der klassischen Fotografie und meinen Zeitautomatik, Blendenautomatik, Programmautomatik und manuelle Einstellung von Zeit und Blende. Abgesehen von der Programmautomatik sollten nur Anwender damit arbeiten, die die Wirkung von Verschlusszeit und Blende kennen. Sonst sind die Motivprogramme die bessere Wahl.

Tipp:
Ein Exot ist sicherlich die Schärfentiefenautomatik A-DEP, die zu den über die Autofokusmesspunkte erfassten Entfernungen die passende Blende wählt - prima für Landschaften mit deutlicher Tiefenstaffelung.

Thema Belichtungsprogramme ab Seite 68

Autofokus
Der Autofokus der EOS 450D arbeitet mit 9 Messfeldern, die einen großen Bildbereich abdecken und auch außermittige Motivbereiche erfassen. Über die Set-Taste kann der Fotograf schnell zwischen automatischer Messfeldwahl und dem einzelnen, zentralem Messfeld wählen.

Tipp:
Als generelle Schnappschusseinstellung empfiehlt sich AI-Focus, da in dieser Betriebsart die Kamera erkennen kann, ob es sich um ein statisches oder bewegtes Motiv handelt.

Thema Autofokus ab Seite 43

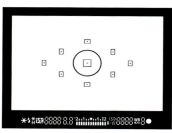

Wahl der AF-Messmethode. Das Menü ist wahlweise auch über das große Display anzeigbar.

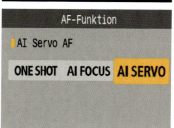

ISO-Empfindlichkeit
Auch bei einer digitalen Spiegelreflexkamera findet sich eine Einstellmöglichkeit für die „Filmempfindlichkeit". Inzwischen hat Canon das gefürchtete Bildrauschen gut im Griff, so dass man durchaus 400 ISO als Standardempfindlichkeit wählen kann. Dadurch wird die Tiefenschärfe größer oder die Verschlusszeit kürzer, was die Gefahr von Verwacklungsunschärfe verringert. Die Blitzreichweite verdoppelt sich gegenüber 100 ISO. Neben der manuellen Wahl der ISO-Empfindlichkeit, bietet die EOS 450D auch die automatische ISO-Wahl über die Einstellung "Auto" an - im Fotoalltag sehr praktisch.

Tipp:
Lediglich bei Portraits empfiehlt es sich bei gutem Licht, auf eine geringere Empfindlichkeit einzustellen, damit sich der Hintergrund durch Unschärfe vom Hauptmotiv trennt.

Thema ISO Empfindlichkeit ab Seite 54
Thema Schärfentiefe ab Seite 39
Thema Verschlusszeiten ab Seite 34

Blitzen
Die EOS 450D arbeitet mit dem E-TTL II Blitzverfahren und erlaubt auch unter schwierigen Situationen, z.B. bei reflektierenden oder weißen Objekten, eine korrekte Blitzbelichtung. Durch externe Blitzgeräte kann nicht nur die Reichweite vergrößert werden, auch indirektes Blitzen oder Blitzen mit mehreren Blitzgeräten ist möglich, und dabei nicht einmal schwierig zu beherrschen. Ausprobieren lohnt und führt zu verblüffend natürlichen Ergebnissen.

Tipp:
Schon indirektes Blitzen an die weiße (!) Decke sorgt für eine deutlich angenehmere Lichtcharakteristik.

Thema Blitzen ab Seite: 160

Foto: Canon

Farbeinstellungen
Früher wählte man je nach Geschmack bestimmte Filmsorten. Bei der EOS 450D lässt sich über zahlreiche Menüs das Farbverhalten beeinflussen. Um eine generelle Geschmacksnote in die Bilder zu bringen, kann die Kamera tendenziell in die Richtung Blau/Amber und Magenta/Grün beeinflusst werden. Auf die unterschiedlichen Lichtsituationen hat die Weißabgleichseinstellung einen Einfluss. Von neutral bis zu stimmungsgeladen oder bewusst verfälscht ist alles möglich.

Durch den DIGIC-III-Bildprozessor werden auch solche Mischlichtsituationen problemlos beherschbar. EF 85mm 1,1,2 L USM bei Blende 2,2 und ISO 400.

Faszinierende Makroaufnahmen sind auch mit moderatem Aufwand möglich: EF-S 60mm Makro, ISO 200, aus der Hand.

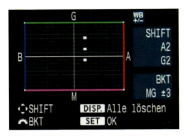

Tipp:
Für den Start ist es am besten, man überlässt dem automatischen Weißabgleich AWB die Arbeit. In den meisten Fällen wird so das optimale Ergebnis erzielt.

Für die Bildausgabe kann schon in der Kamera der sogenannte Farbraum zugewiesen werden. Der Farbraum „sRGB" sorgt bei Bilderdiensten und für den Start am eigenen PC für die besten Ergebnisse. Fortgeschrittene können über den Farbraum „Adobe RGB" noch mehr Farben differenzieren.

Tipp:
Die Canon-Freeware „Easy Photo Print" erkennt die Farbraumeinstellung und bringt auch Adobe RGB Daten mit dem entsprechenden Vorteil automatisch aufs Papier.

Thema Farbbeeinflussung ab Seite 78
Thema Weißabgleich ab Seite 50
Thema Farbraum und Farbmanagement ab Seite 228

RAW-Modus
Über den Rohbilddatenmodus, kurz RAW-Modus, kann man das letzte Detail aus den Aufnahmen herausholen, denn dieser Modus arbeitet ohne Komprimierungsverluste. Mehr noch: Viele Einstellungen, wie z.B. Farbraum, Farbtendenz, Weißabgelich und einiges mehr können im Nachhinein in Ruhe am PC festgelegt werden.
Ideal bei Motiven, bei denen man sich nicht sicher ist, ob die gewählte Einstellung perfekt ist. Der Haken: Die Bilder brauchen deutlich mehr Platz auf der Speicherkarte, aber Speicherkarten sind heute ja keine große Investition mehr.

Tipp:
Die EOS 450D kann auch gleichzeitig RAW- und JPEG-Bilder aufzeichnen. Für die schnelle Auswertung ist das JPEG-Bild top, für die Ausarbeitung der besten Bilder greift man dann auf die RAW-Daten zurück.

Thema RAW-Daten ab Seite 206 und 218

Picture Styles

Wie vorher nur die EOS-Profimodelle bietet nun auch die EOS 450D die praktische und innovative Picture Style Funktion. Bislang war es recht komplex, die Bild und Farbwiedergabe der Kamera auf die einzelnen Anwendungsbereiche anzupassen. Durch Picture Styles ist es nun ein Kinderspiel. Picture Styles sind vergleichbar mit der Wahl verschiedener Filmsorten. Der Picture Style Editor taugt, um eigene Bildstile zu kreieren.

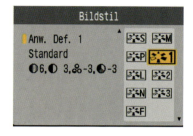

Tipp:
Wer sich nicht sicher ist, fotografiert im RAW-Modus und wählt die Einstellungen später. Vorteil: Selbst die Entscheidung, ob man Schwarzweißfotos oder Farbfotos bevorzugt, kann man in Ruhe später treffen! Jede Entscheidung kann auf Basis der RAW-Daten auch später noch ohne Verluste wieder aufs Neue getroffen werden.

Thema Picture Styles ab Seite 83

Individuelle Einstellungen (Parameter und CFn.)

Die EOS 450D lässt sich nicht nur über die Farbeinstellungen dem persönlichen Geschmack anpassen. Sowohl über die Parameter-Einstellung in den Picture Styles für Schärfe, Kontrast und Farbsättigung, als auch über die Custom-Funktionen sind viele Varianten machbar - bis hin zur Spiegelvorauslösung, die sich hervorragend für die Makrofotografie eignet.

Tipp:
Arbeiten Sie sich erst einmal mit den Standard-Einstellungen in die Kamera ein. Erst wenn ein Gespür für die Kamera entwickelt wurde, sollte man sich an die Feineinstellungen herantrauen.

Thema Parameter ab Seite 90
Thema Individualfunktionen ab Seite 96

Objektive

Im Gegensatz zu den älteren digitalen EOS-Modellen passen an die EOS 450D nicht nur alle EF-Objektive, die seit 1987 angeboten werden, sondern auch die speziellen EF-S Objektive, die für das Sensorformat der EOS 450D konzipiert wurden.

Thema Objektive ab Seite 131

Zubehör

Neben Blitzgeräten und Objektiven steht ein großer Teil des EOS-Zubehörs der EOS 450D zur Verfügung: Zwischenringe und Nahlinsen für Makroaufnahmen, Kabel- und Fernauslöser etc. erweitern das Einsatzspektrum deutlich. Viele dieser Dinge sind sogar recht preiswert zu bekommen und eignen sich für den Neuling in der Spiegelreflexfotografie.

Thema Zubehör ab Seite 131 und 182

Gleich zu Beginn ein paar Tipps:

Fotos: Canon

Stellen Sie den Stromsparmodus ruhig auf 30 Sekunden ein. Das spart Strom und hat keine weiteren Nachteile. Denn durch die schnelle Betriebsbereitschaft lässt sich die EOS 450D blitzschnell wieder aktivieren.

Öffnen Sie während des Speichervorgangs nicht die Abdeckung des Speicherkartenfachs. Die EOS schaltet nämlich dann sofort den Strom ab - mit der Folge, dass alle Bilder im Pufferspeicher und die, die nicht vollständig auf die Speicherkarte geschrieben wurden, verloren sind. Was auf den ersten Blick als Nachteil oder Problem erscheint, ist aber durchaus sinnvoll. Würde der Strom nicht abgeschaltet und die Speicherkarte im Betrieb entfernt werden, könnte es die Speicherkarte und somit ALLE gespeicherten Bilder zerstören!

Werfen Sie ruhig einen genaueren Blick auf die mitgelieferte Canon Software. ZoomBrowser und Digital Photo Professional bieten ein Menge Funktionen, die das Bearbeiten und Archivieren der Bilder leicht machen. Auch ist eine Fernsteuerung der EOS vom PC z.B. für Zeitraffer-Aufnahmen möglich.

EOS Integrated Cleaning System

Das Problem ist bekannt. Früher oder später lagert sich Staub auf dem Sensor ab und sorgt für lästige Flecken im Bild. Canon hat nun das erste Mal eine D-SLR mit dem EOS Integrated Cleaning System ausgestattet. Es zeichnet sich dadurch aus, dass es besonders konsequent das Staubproblem angeht, nämlich in vier Stufen:

1.Staub wird durch geeignete Materialien von Kameramechanik und Gehäusedeckel gar nicht erst erzeugt.

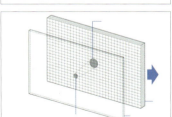

2.Staub wird durch eine Antistatik-Beschichtung der Sensoreinheit abgestoßen.

3.Durch ein Piezo-Element, das am vorderen Low-Pass-Filter der Sensoreinheit angebracht ist, wird Staub abgeschüttelt und von einer Auffangeinheit fixiert.

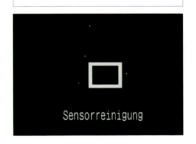

4.Staub, der klebrig ist, und sich nicht von der Sensoreinheit abschütteln lässt, wird zuerst von der Kamera als Staublöschungsdaten aufgenommen und anschließend von der Canon DPP Software erkannt und entfernt.

EOS 450D

Canon hat damit ein konsequentes und anwenderfreundliches Konzept zur Staubentfernung entwickelt. Beim Einschalten und Ausschalten der Kamera wird die Sensorreinigungsfunktion automatisch aktiviert. Man kann die Arbeitsweise abschalten, sollte es allerdings nicht tun. Denn durch die Sensorreinigung geht kein Motiv verloren - wird während der Sensorreinigung der Auslöser angetippt, stoppt die Reinigung und die Kamera ist sofort schussbereit. Ist man sich nach einem Objektivwechsel nicht sicher, so kann man die Sensorreinigung jederzeit in Gang setzen (im Menü "Sensorreinigung automatisch"). Jedoch sollte trotz der effektiven Reinigungsfunktion nicht der Übermut siegen: Flugsand am Strand oder sehr unwirtliche Umgebungsbedingungen sind weiterhin Gift für jede Kamera!

Tipp:
Zum Reinigen muss die Kamera horizontal gehalten werden, da sich die Klebestreifen unten im Spiegelkasten befinden. Hält man die Kamera senkrecht oder nach unten, rieselt der Staub im Spiegelkasten weiter umher.

So funktionieren die einzelnen Komponenten der selbstreinigenden Sensoreinheit:
Das Piezo-Element (1), versetzt das antistatisch beschichtete Low-Pass-Filter (2) in Schwingungen und schüttelt so den Staub ab. Die Phasenplatte (3) und der eigentliche CMOS-Sensor (4) mit dem zweiten Low-Pass-Filter sind über Dichtungen gegen Staub geschützt. Der abgeschüttelte Staub wird auf Auffang-Elementen (5) durch Industriekleber dauerhaft fixiert und vagabundiert so nicht im Spiegelkasten der EOS umher. Der Klebstoff der Auffang-Einheit verliert auch über Jahre nicht an Klebekraft!

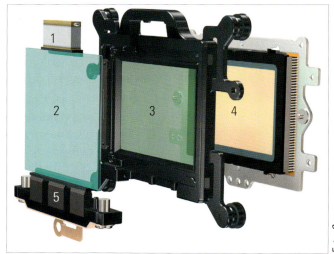

Foto: Canon

Faszinierende Makroaufnahmen leben oft von selektiver Schärfe: EF 100mm Macro, Blende 4,0.

Live View Modus

Die EOS 450D bietet nun auch ein Feature, das den Nutzern von digitalen Kompaktkameras besonders vertraut sein dürfte: das Livebild des Bildsensors auf dem Display. Damit der Sensor ein Livebild erzeugen kann, muss wegen der Spiegelreflextechnik der Spiegel erst nach oben klappen und sich der Verschluss öffnen. Durch den hochgeklappten Spiegel ist dann logischerweise der optische Sucher dunkel und kann in der Zeit nicht genutzt werden.

Kurioserweise ist das Livebild beim ersten Benutzen der EOS 450D erst einmal ausgeschaltet. Im zweiten Werkzeugmenü findet sich die "Livebild-Funktionseinstellung", über die diese Funktion aktiviert werden kann. Verlässt man das Menü, kann man nun über die Set-Taste das Livebild aktivieren.

Der weiße Rahmen der Monitoranzeige symbolisiert nicht das Autofokusmessfeld, denn der Autofokus ist durch den hochgeklappten Spiegel ebenfalls erst einmal deaktiviert. Es zeigt den Ausschnitt, der über die "+"-Lupentaste sogar in 5- oder 10facher Vergrößerung angezeigt werden kann. Dabei kann über die vier Pfeiltasten der Rahmen zum bildwichtigen Motivteil bewegt werden.

So können Sie extrem präzise manuell fokussieren. Sie werden überrascht sein, wie präzise. Über die Display-Taste kann für die Belichtungskontrolle das Histogramm angezeigt werden, denn nur so lässt sich unabhängig von den Lichtverhältnissen der Umgebung die Belichtung vor Ort exakt beurteilen.

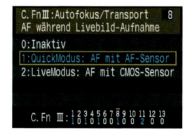

Autofokus im Live View Modus

Der Autofokus lässt sich dennoch auch im Live View Modus aktivieren. Über die Custom Funktion C.Fn III, Nr. 8 kann zwischen zwei verschiedenen Autofokus-Varianten gewählt werden.

Quick-AF:
Wird diese Funktion gewählt und der Autofokus über die Sternchen-Taste aktiviert, klappt der Spiegel herunter, das gewohnte AF-Mess-System misst die Entfernung, und der Spiegel klappt beim Loslassen der Sternchen-Taste wieder hoch. Wichtig: Der Autofokus braucht einen kurzen Moment zum Fokussieren! Daher muss die Taste eine kurze Weile gedrückt werden. Am besten, man lässt den Piepton zur Autofokus-Bestätigung angeschaltet und fokussiert im One Shot Modus. Dann wird man kurz akus-

EOS 450D

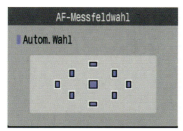

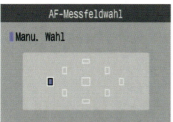

tisch in Kenntnis gesetzt, wenn die Kamera das Fokussieren abgeschlossen hat. Drücken Sie nur kurz die Sternchen-Taste, wird die Kamera ohne zu fokussieren, das Livebild wieder freigeben!

Der Quick-AF ist dennoch von beiden möglichen Messmethoden der schnellere, da auf das sehr effektive Standard-AF-System der Kamera zurückgegriffen wird.

Wählen Sie vor dem Start des Livebildes über die AF-Messfeldwahltaste einen AF-Messpunkt aus, so wird dieser dann auch im Livebild-Modus genutzt. Sie haben also im Gegensatz zur größeren Schwester EOS 40D die Wahl, entweder alle 9 Felder mit automatischer Messfeldwahl zu nutzen, oder aber einzelne, manuell ausgewählte AF-Messfelder.

Live-AF:
Der Live-AF funktioniert im Prinzip so, wie Sie es von Ihrer digitalen Kompaktkamera gewohnt sind. Über den Bildsensor wird fokussiert, indem der maximale Kontrast im Bild bzw. in dem Messfenster gesucht wird. Im Vergleich zum Quick-AF ist es, wie der Name auch schon andeutet, die langsamere Variante. Der Vorteil liegt aber hier auf zwei Eigenschaften des Live AFs: zum einen gibt es die unerwünschte Dunkelphase durch das Herunterklappen des Spiegels nicht mehr. Das ist z.B. bei Portraits sehr hilfreich, da man so sehen kann, ob das Modell z.B. während der Aufnahme die Augen geschlossen hat. Zum anderen kann das Messfeld in einem Großteil des Bildes frei platziert werden. Das macht diese Variante besonders für Makro-Aufnahmen geeignet, da das Messfeld genau wie bei der manuellen Fokussierung auf den relevanten Bildbereich gelegt werden kann. Über die weiterhin aktive Lupenfunktion, kann die Fokussierung des Autofokus' präzise beurteilt werden.

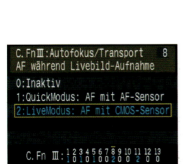

27

Weitere Möglichkeiten

Die Live View Funktion bietet noch weitere Optionen. So können Sie sich beispielsweise ein Gitternetz für die Ausrichtung der Kamera einblenden lassen. Das ist besonders bei Reproduktionen und Architekturaufnahmen interessant. Aber auch bei Landschaftsaufnahmen schützen die Gitternetzlinien vor schiefen Horizonten!

Sinn und Zweck der Live View Funktion

Auch wenn Sie nun versucht sind, den Live View Modus so zu nutzen, wie Sie es von der digitalen Kompaktkamera gewohnt sind - dafür ist er nicht gedacht! Denn durch die typische Kamerahaltung vom Körper weg werden Sie viel leichter verwackeln. Auch ist der optische Sucher der EOS 450D generell die bessere Wahl, denn er ist geschützt vor hellem Umgebungslicht und bie-

tet immer ein kontrastreiches Bild.

Die Live View Funktion eignet sich aber hervorragend beim Fotografieren aus ungünstigen Positionen, z.B. in Bodennähe, oder wenn die Kamera in der Menge hoch über dem Kopf gehalten wird! Auch bei Makroaufnahmen kann der neue Live-AF helfen, denn er lässt sich präziser positionieren als der normale 9-Punkt-AF. Da man bei Makroaufnahmen in der Regel auch viel Zeit hat, spielt die AF-Geschwindigkeit keine so große Rolle.

Richtig Spaß macht das Livebild, wenn die Kamera mit Remote Capture vom Rechner aus gesteuert wird. Denn das Livebild wird auch an den PC übertragen und hilft im Studio beim Shooting!

EOS 450D

Tonwertpriorität-Modus

Für alle diejenigen, die gerne Brautkleider oder andere sehr helle Motive (Wolken!) fotografieren, bietet sich die Funktion "Tonwertpriorität" an, die Sie im Custom Funktion Menü unter C.Fn II, Nr. 5 finden. Zwar verlieren Sie die ISO 100 Stufe, aber dafür werden Sie mit einer wesentlich weicheren und dadurch detailreicheren Darstellung der hellen Bildpartien belohnt. Diese Einstellung lässt sich nicht nachträglich im RAW-Modus einstellen, da sie bereits auf Sensorniveau aktiv ist.

My Menu

Wie die Profimodelle bietet die EOS 450D über den äußerst rechten Reiter im Menü die Einstellung "My Menu". Bis zu sechs häufig genutzte Funktionen - auch die aus dem Custom Funktionen Bereich - lassen sich hier ablegen und sortieren. Dadurch sparen Sie sich eine Menge Sucherei und Zeit. Unbedingt nutzen!

 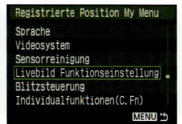 

Blitzlichtsteuerung

Generell lassen sich die internen und externen Canon Blitzgeräte über die verschiedenen Belichtungsprogramme umfangreich steuern und beeinflussen. Gundsätzlich versucht das Canon E-TTL-Blitzsystem, den Blitz möglichst zurückhaltend einzusetzen. Sowohl das externe, als auch das interne Blitzgerät lassen sich komfortabel über das Kameramenü bedienen. Für das interne Blitzgerät stehen drei verschiedene Menüs zur Verfügung: Messmethode (Mehrfeldmessung oder mittenbetont), Blitzbelichtungskorrektur und die Möglichkeit, wahlweise auf den ersten oder zweiten Verschlussvorhang zu synchronisieren.
Das externe Blitzgerät Speedlite 580EX II lässt sich, inklusive dessen Custom Funktionen, komfortabel bedienen.

Thema Blitzen ab Seite 160

Aufnahme in Las Vegas mit EF-S 18-55 mm IS.
ISO 800 und 1/50 Sekunde aus der Hand.

Aufnahme in der Berliner Galerie Lafayette mit EF-S 18-55 mm IS.
ISO 400 und 1/25 Sekunde aus der Hand.

Fotografische Grundlagen

Bevor ich auf weitere einzelne Funktionen der Canon DSLR-Kamera eingehe, möchte ich erst einmal einige fotografische Grundlagen beleuchten.

Blende, Verschlusszeit, Selektiv- und Mehrfeldmessung etc.: All das sind Begriffe und Techniken, die dem unbeschwerten Gelegenheitsfotografen normalerweise verborgen bleiben, denn eine Vollautomatik regelte schon bei den allerersten analogen EOS-Modellen die Belichtungssteuerung völlig selbstständig. Selbst Profis bedienen sich gerne der Programmautomatik, wenn es mal schnell gehen soll! Der Einsatz verschiedener Brennweiten ist eher ein Stück Bequemlichkeit: Statt einen Schritt nach vorne oder hinten zu gehen, wird eben gezoomt! Man kommt so durchaus zu technisch einwandfreien Fotos, jedoch beraubt man sich sehr schnell der fotografischen Gestaltungsmöglichkeiten.

Glücklicherweise haben Sie mit der digitalen EOS 450D die Möglichkeit, mit Verschlusszeit, Blende und Brennweite bewusst gestalterisch arbeiten zu können.

Der bewusste Einsatz von Zeit, Blende und Brennweite (siehe Kapitel Optische Grundlagen) hat entscheidenden Einfluss auf die Bildwirkung. Möchten Sie bestimmte Bildwirkungen erzielen, so gelingt das nur durch Erfahrung und Sachkenntnis. Der schnelle Schnappschuss ist einfach zu erzielen, ein durch und durch geplantes Foto aber setzt voraus, dass Sie auf der Klaviatur der Fototechnik spielen können.

Das sieht auf den ersten Blick etwas nach Spielverderberei aus, ist es aber keinesfalls. Eine deutliche Verbesserung der fotografischen und technischen Qualität Ihrer Fotos wird Sie für anfängliche Mühen entschädigen! Ist Ihr Know-how erst einmal in Routine übergegangen, so können Sie sich mit virtuoser Technik voll und ganz auf Ihr Motiv konzentrieren – eigentlich fängt der Spaß hier erst an.

FOTOGRAFIEREN

Blende und Belichtungszeit

Jede EOS nimmt Ihnen gerne das Einstellen von Zeit und Blende ab, um perfekt belichtete Fotos zu garantieren – eine bequeme Sache.

Belichtungszeit und Blende sind aber nicht nur dazu da, um für eine richtige Belichtung zu sorgen. Sie dienen auch als bildgestalterisches Werkzeug. Auch stehen beide zueinander im Zusammenhang. Dazu gleich mehr.

Kurz noch ein kleines Denkmodell vorab: Den Zusammenhang zwischen Zeit und Blende stellen Sie sich am besten durch ein zu füllendes Waschbecken vor. Die Menge Wasser, die das Waschbecken füllt, stellt die Menge Licht dar, die ein Foto zur korrekten Belichtung benötigt. Dieser Wert ist nicht variabel. Er stellt im Prinzip die Filmempfindlichkeit dar. Sie haben jetzt die Wahl: Drehen Sie den Wasserhahn voll auf, müssen Sie nur eine kurze Zeit

EF 70-200mm 1:4L IS USM bei offener Blende. Die Kombination kann durch die Leistungsfähigkeit von Canon CMOS-Sensor und Objektiv beeindrucken. Selbst der kleine Ausschnit zeigt noch alle Details.

bis zur Füllung warten. Drehen Sie den Wasserhahn nur leicht auf, verlängert sich der Vorgang entsprechend.
Der Wasserhahn (die Blende im Objektiv) und die Einlaufzeit (die Verschlusszeit) stehen in direktem Zusammenhang: eine kurze Belichtungszeit fordert in gleichem Maße eine hohe Lichtdurchlässigkeit des Objektivs (eine große Blende) oder umgekehrt. Die Gesamtmenge Licht, die auf den Chip oder Film trifft, bleibt aber in der Summe immer die gleiche!

Bringt Licht ins Dunkel: der Verschluss

Blende	Zeit
2,0	1/500s
2,8	1/250s
4	1/125s
5,6	1/60s
8	1/30s

Wie bei einer konventionellen Spiegelreflexkamera funktioniert bei den digitalen Modellen der Verschluss elektromechanisch. Lamellen vor dem Sensor verschließen den Strahlengang und geben ihn kontrolliert für einen kurzen Moment frei. Dieser Verschlusstyp, man nennt ihn Schlitzverschluss, hat gegenüber den Zentralverschlüssen in digitalen Kompaktkameras den Vorteil, dass sich in der Regel ein größerer Verschlusszeitenbereich abdecken lässt. Bis zu einer 1/4000 Sekunde sind bei der EOS 450D möglich, wobei die längste Verschusszeit bei mindestens 30 Sekunden liegt. Das ergibt einen großen Arbeitsspielraum bei allen erdenklichen Lichtverhältnissen.

Die Verschlüsse der Canons arbeiten stufenlos, um eine exakte Belichtung zu garantieren. Bei der manuellen Verschlusszeiteinstellung sind aber Stufen vorgegeben. 15, 8, 4, 2, 1, 1/2, 1/4,

Links: kurze Verschlusszeit. Rechts: lange Verschlusszeit. Der Einfluss auf die Darstellung bewegter Motive ist klar zu erkennen.

FOTOGRAFIEREN

1/8, 1/15, 1/30, 1/60, 1/125, 1/250, 1/500, 1/1000 usw.: Diese klassischen Abstufungen der Verschlusszeiten entsprechen immer einer Halbierung oder Verdoppelung der Belichtungszeit. Sie korrespondieren mit der Abstufung der Blende: Die Änderung der Verschlusszeit um eine volle Stufe kann durch die entgegengesetzte Änderung um eine Blendenstufe kompensiert werden. Damit die Verschlusszeiten aber präzise der Aufnahmesituation angepasst werden können, lassen sie sich in Drittelstufen einstellen, z.B. 1/60, 1/80, 1/100, 1/125 Sekunde. Aber auch hierbei gilt die eben beschriebene Regel, denn auch 1/50, 1/100 und 1/200 bedeuten eine Halbierung oder Verdoppelung, auch wenn es sich um Zwischenstufen handelt.

Dem kreativen Arbeiten mit den Verschlusszeiten sind keine Grenzen gesetzt – fast keine. In der Regel sollte nämlich erst einmal darauf geachtet werden, dass keine Verwacklungsunschärfe entstehen kann. Jeder Mensch zittert und schwankt etwas, so dass beim Fotografieren aus freier Hand eine Verschlusszeit gewählt werden sollte, die diese ungewollte Bewegung nicht erkennen lässt.

Und: je länger die Brennweite, desto größer die Gefahr des Verwackelns. Es gibt eine Faustregel, die sich in der Praxis bewährt hat: die längstmögliche Verschlusszeit entspricht dem Kehrwert der Brennweite!
Das heißt: Fotografieren Sie mit einer 35 mm Brennweite, so sollte die gewählte Verschlusszeit nicht länger als eine 1/30 Sekunde sein. Bei der Brennweite 135 mm sollte die Verschlusszeit eine 1/125 Sekunde nicht überschreiten. Mit ruhiger Hand kann es auch schon mal etwas länger sein, aber mit dieser Faustregel sind Sie auf der sicheren Seite.

Tipp:
Mit dem Brennweitenfaktor 1,6 sollten Sie sicherheitshalber eine um eine Stufe kürzere Verschlusszeit wählen, da ein Zittern stärker zu Buche schlägt.

Durch die geschickte Wahl der Verschlusszeit können Sie mit dynamischen oder statischen Bildeffekten arbeiten. Eine lange Verschlusszeit erzeugt Dynamik: der rauschende Bach fließt rasant, Konzertfotos sind energiegeladen, der Sportwagen bewegt sich

---

1/2000s
1/1600s
1/1250s
1/1000s
1/800s
1/640s
1/500s
1/400s
1/320s
1/250s
1/200s
1/160s
1/125s
1/100s
1/80s
1/60s
1/50s
1/40s
1/30s
1/25s
1/20s
1/15s
1/13s
1/10s
1/8s
1/6s
1/5s
1/4s
0,3s
0,4s
1/2s
0,6s
0,8s
1,0s
1,3s
1,6s
2s
1,5s
3,2s
4s

Verschlusszeitenreihe in 1/3-Stufen

Nachtaufnahmen erfordern trotz ISO 1600 sehr lange Verschlusszeiten. Der Einsatz eines Stativs oder eines Objektivs mit optischem Bildstabilisator ist empfehlenswert. Hier kann das Kit-Objektiv EF-S 18-55mm 1:3,5-5,6 IS zum Einsatz. Ohne Stativ, aufgestützt, 1 Sekunde Belichtungszeit!

sichtbar schnell. Natürlich verzichtet man bei derartiger Gestaltung auf scharfe Details im Hauptmotiv – aber das ist auch nicht Sinn der Aufnahme. Soll trotz schneller Bewegung das Hauptmotiv scharf auf den Chip gebannt werden, so muss eine möglichst kurze Verschlusszeit gewählt werden. Spielende Kinder, der Rennwagen oder das Reisefoto aus dem fahrenden Bus gelingen auf diese Weise.

Stellen Sie bei den Kameras der EOS-Serie in der Blendenautomatik Tv oder in dem voll manuellen Belichtungsmodus die gewünschte Verschlusszeit ein. Das Schöne an der digitalen EOS ist die Möglichkeit, die Bewegungseffekte schon vor Ort kontrollieren zu können. Musste früher erst die Filmentwicklung abgewartet werden, machen Sie mit Ihrer Digitalen einfach mehrere Aufnahmen mit unterschiedlicher Einstellung und suchen sich das beste Foto aus – der Lerneffekt stellt sich sofort ein!

FOTOGRAFIEREN

> **Tipp:**
> Lässiges Halten der Kamera mit einer Hand kann sehr schnell zu verwackelten Aufnahmen führen! Halten Sie das Kameragewicht mit der linken Hand (Kamera bzw. Objektiv auf den Handballen auflegen) und lösen Sie mit der rechten unbelastet aus. Der Unterschied ist erstaunlich groß! Pressen Sie Ihren linken Arm an Ihre Brust – so nimmt der Arm die Aufgabe eines Stativs wahr. Drücken Sie den Auslöser bewusst immer zuerst bis zum ersten Druckpunkt und lösen erst danach aus – auch das schützt Sie vor Verwacklungen.

Ventil für Licht: die Blende

22
20
18
16
14
13
11
10
9
8
7,1
6,3
5,6
5,0
4,5
4
3,5
3,2
2,8
2,5
2,2
2
1,8
1,6
1,4

Blendenreihe in 1/3-Stufen

Während die Frage, was Belichtungszeit ist, sich schon aus dem Wort heraus erklärt, ist das Thema Blende nicht ganz so einfach. Die Blende regelt die Lichtmenge, die durch das Objektiv tritt. Sie wird auch als „relative Öffnung" bezeichnet. Als Gravur auf den Objektiven findet man meist das Öffnungsverhältnis „F" (z.B. F 2,8, f/2,8 oder 1:2,8) angegeben.

Klingt komplizierter als es ist: Während eine 1/125 Sekunde Belichtungszeit immer eindeutig eine 1/125 Sekunde bleibt, hat z.B. die Blende 8 nicht immer den gleichen Durchmesser. Denn sie steht in Zusammenhang mit der Brennweite – deswegen spricht man auch von einer relativen Öffnung.

Die Blendenzahl (kurz: Blende) errechnet sich aus dem Verhältnis von wirksamer Objektivöffnung zur Brennweite. Beispiel: hat ein Objektiv eine reale Brennweite von 100 mm und einen sichtbaren Öffnungsdurchmesser von 25 Millimetern, so erhalte ich den Blendenwert 4 = 100 mm : 25 mm. Verdoppelt sich der Öffnungsdurchmesser auf 50 mm, so erhalte ich den Wert 2. Bei gleicher Öffnung 25 Millimeter und doppelter Brennweite 200 mm ergibt sich dadurch Blende 8. Eine Verdopplung des Öffnungsdurchmessers bringt durch die Kreisformel Fläche = pi x r2 eine Vervierfachung der Öffnungsfläche mit sich: es kommt viermal soviel Licht durch das Objektiv.

Durch die Kreisformel pi x r2 ergibt sich auch die Erklärung für die zuerst seltsam anmutende Blendenskala:

2/2,8/4/5,6/8/11/16. Von Blendenzahl zu Blendenzahl halbiert sich die Lichtmenge, die durch das Objektiv trifft: Blende 2,8 lässt nur halb soviel Licht durch wie Blende 2, Blende 16 nur die Hälfte von Blende 11 und nur noch ein Viertel von Blende 8. Anfangs ist es etwas irritierend, dass sich mit zunehmender Blendenzahl die Blendenöffnung verkleinert.

Fazit: Von Blendenzahl zu Blendenzahl (Faktor 1,4: denn 1,4 x 1,4 = 2) halbiert sich die Lichtmenge, die durch das Objektiv trifft. Je länger die Brennweite, desto größer muss die sichtbare Öffnung sein. Die Lichtstärke eines Objektivs wird immer mit der größtmöglichen Blende (der kleinsten Blendenzahl) beschrieben. Objektive mit einer Anfangsblende von 2,8 oder besser gelten als sehr lichtstark, d.h. sie lassen sehr viel Licht durch das Objektiv. Man spricht von einer „kleinen Blende", wenn die Blendenzahl groß ist, also wenig Licht durchgelassen wird, und einer „großen Blende", wenn viel Licht auf den Chip fallen kann, also die Blendenzahl klein ist. Nicht verwirren lassen!

Hier stimmt die Schärfentiefe: Durch eine offene Blende wurde der Vordergrund vom Hintergrund sauber getrennt. Das Hauptmotiv kann wirken, nichts lenkt ab!

Und: Belichtungszeit und Blende beeinflussen sich gegenseitig. Eine Blendenstufe, die die Lichtmenge halbiert, erfordert eine doppelt so lange Belichtungszeit und umgekehrt! Dadurch können wir sehr einfach die Wirkung von Zeit und Blende steuern.

Die Blende dient aber nicht nur dazu, eine korrekte Belichtung zu ermöglichen. Sie hat einen wichtigen Einfluss auf die Bildgestaltung: durch sie wird die Schärfentiefe bestimmt!

Scharfe Sache: die Schärfentiefe

Die Schärfentiefe beschreibt den Entfernungsbereich des Bildes, der scharf abgebildet wird. Es gibt zwar einige Formeln für Berechnungen zu diesem Thema, jedoch möchte ich Ihnen das an dieser Stelle ersparen. Die Formeln sind letztendlich auch nur ein Hilfsmittel, denn das, was Sie als scharf akzeptieren oder in Ihren Augen bereits unscharf erscheint, ist auch eine Frage Ihres individuellen Qualitätsverständnisses. Trotzdem möchte ich Sie mit einigen Gesetzmäßigkeiten vertraut machen.

Das Instrument zur Steuerung der Schärfentiefe ist die Objektivblende. Voll geöffnet wird eine minimale Schärfentiefe erzielt – toll bei Portraits, da der Hintergrund durch seine Unschärfe nicht vom Hauptmotiv ablenkt. Das Foto bekommt dadurch Tiefe.

Selektive Schärfe – also der Einsatz von eng begrenzten scharfen Bereichen im Foto – kann in vielen Fällen die Bildaussage steigern, da sie den Blick des Betrachters auf das Wesentliche lenkt.

Jedoch fordert der Einsatz dieses Gestaltungsmittels etwas Übung. Denn wenn die Schärfe selektiv, aber knapp am Hauptmotiv vorbei gelegt wurde, ist das Foto dahin. Vor der Aufnahme dient die Abblendtaste der EOS zur visuellen Schärfentiefenbeurteilung. Ab Blende 11 wird es aber recht dunkel im Sucher – die Beurteilung wird schwieriger. Aber auch hier gibt der LCD-Monitor mit der Lupenfunktion die Möglichkeit zur Kontrolle nach der Aufnahme, und so eine Hilfestellung zum schnellen Lernen. Ist die Aufnahme misslungen, versuchen Sie es einfach noch einmal.

Tele-Aufnahme, die die Bildqualität der EOS eindrucksvoll demonstriert. Auch hier EF-S 18-55mm IS, ISO 400.

Voll abgeblendet erzielen Sie die maximale Schärfentiefe – was aber nicht automatisch heißt, dass von vorne bis hinten alles scharf abgebildet wird. Besonders im Nahbereich wird auch volles Abblenden nicht reichen, um bis zum Horizont alles scharf dargestellt zu bekommen.

Links: Aufnahme mit der vollformatigen EOS-1Ds und 110mm Brennweite bei Blende 16.
Rechts: Aufnahme mit Brennweitenfaktor 1,6 und 70mm Brennweite bei Blende 11.
Die Schärfentiefe ist bei beiden Aufnahmen identisch. Durch den etwas kleineren Aufnahmesensor der EOS 450D gewinnt man etwas mehr Schärfentiefe als mit Kleinbildfilm.

Grundsätzlich haben Sie mit Ihrer digitalen EOS einen kleinen Vorteil gegenüber der Kleinbildfotografie, wenn Sie maximale Schärfentiefe erzielen möchten. Im Vergleich zum vollen Kleinbildformat müssen Sie bei der EOS 450D mit dem CMOS-Sensor in 22,2 x 14,8 mm Größe etwa eine Blende weniger abblenden, um den gleichen Schärfentiefeneindruck zu erzielen! Entgegen häufig zu lesender Meinung ist die Schärfentiefe nicht brennweitenabhängig, sondern maßstabsabhängig! Durch den kleineren Sensor verkleinert sich der Abbildungsmaßstab und vergrößert etwas die Schärfentiefe.

> **Tipp:**
> Generell sollte im Nahbereich voll abgeblendet werden, außer Sie möchten selektive Schärfe als Gestaltungsmittel einsetzen. Im Bereich Architektur und Landschaft ist Abblenden sinnvoll, es muss aber nicht voll abgeblendet werden.
> Ein Blendenwert zwischen 5,6 und 8 ist völlig ausreichend, und so bleibt Ihnen eine Reserve, um Verwacklungen zu vermeiden.

Beispiel: Eine Sachaufnahme mit der Motivgröße 24 x 36 cm muss in der Kleinbildfotografie mit Maßstab 1:10 fotografiert werden, mit der digitalen EOS ergibt sich ein Maßstab um 1:16! Dadurch ergibt sich eine etwas größere Schärfentiefe als bei Kleinbild.

Der Gewinn an Schärfentiefe ist glücklicherweise nicht so groß, dass das Arbeiten mit gezielt geringer Schärfentiefe unmöglich wird. Freunde duftiger Portraits und Makroaufnahmen kommen also weiterhin auf ihre Kosten. Auch gilt grundsätzlich die Regel:

Bei gleichem Standort besitzen Weitwinkelaufnahmen deutlich mehr Schärfentiefe als Teleaufnahmen. Das liegt aber, wie schon oben angedeutet, nicht an der Brennweite an sich: Bei gleichem Standort wird das Hauptmotiv bei Weitwinkelaufnahmen lediglich in einem deutlich kleineren Maßstab abgebildet als bei Teleaufnahmen – die Schärfentiefe steigt dadurch an. Wegen der großen Schärfentiefe werden Weitwinkelobjektive auch gerne als Schnappschussbrennweiten bezeichnet, da sie in der Anwendung sehr gutmütig sind.

Das vergangene Kapitel hat Sie mit essenziellen Grundlagen der Fotografie vertraut gemacht. Durch den bewussten Einsatz von Brennweite, Verschlusszeit und Blende lassen sich Bildaussage und Bildwirkung gezielt steigern. Sie bilden die Grundlage jeglicher technischen Bildgestaltung.

Gute Ideen müssen gekonnt umgesetzt werden – sonst verpuffen sie oder werden nicht verstanden. Ohne die Kenntnisse der Zusammenhänge wird es nur bei Zufallsergebnissen bleiben. Diese Kenntnisse sind auch eine Voraussetzung für die folgenden Kapitel. Denn was nützen einem die komfortabelsten Belichtungsprogramme, wenn man eigentlich gar nicht weiß, wann sie am effektivsten eingesetzt werden sollten?

Automatische Schärfe: der Autofokus

Man unterscheidet zwischen zwei grundsätzlich verschieden arbeitenden Autofokus-Verfahren: dem aktiven und dem passiven Autofokus. Der aktive Autofokus kommt bei den meisten konventionellen Sucherkameras zum Einsatz. Er misst über einen Infrarotstrahl die tatsächliche Entfernung zum Motiv. Durch diese Technik wird die Entfernung auch in völliger Dunkelheit gemessen, jedoch hat dieses System auch Nachteile: Glasscheiben können den Messstrahl irritieren, bei Teleobjektiven und im Makrobereich arbeitet diese Technik relativ ungenau, und man weiß nicht, ob tatsächlich die Bildmitte gemessen wird.

Bei der EOS 450D sind bis zu 9 AF-Messfelder aktiv, der mittlere ist ein Kreuzsensor.

Anders die passive Technik, mit der auch die Canon Digitalkameras arbeiten. Vereinfacht dargestellt: über spezielle Autofokus-CMOS-Sensoren, nicht zu verwechseln mit dem CMOS-Bildsensor, wird in den Autofokus-Messfeldern durch Fokussieren nach dem stärksten Kontrast gefahndet.

Das System geht davon aus, dass bei optimaler Schärfeeinstellung auch der Kontrast am höchsten ist, da Unschärfe die Konturen weicher und damit kontrastärmer machen würde. In Wirklichkeit wird ein sogenannter Phasenkontrast gemessen. Welche Vor- und Nachteile hat das Verfahren? Der Nachteil: Das Motiv muss eine Kante oder Struktur aufweisen, da sonst gar kein Kontrast gemessen werden kann. Im Bereich der AF-Messfelder sollte daher ein Motivteil auszumachen sein, das entweder eine Oberflächenstruktur oder Details aufweisen sollte. Durch die neun AF-Sensoren, die in ihrer Empfindlichkeit verbessert wurden, ergibt sich eine höhere AF-Zuverlässigkeit gegenüber der EOS 400D. Der mittlere Sensor ist als Kreuzsensor ausgebildet und misst sowohl vertikale als auch horizontale Strukturen – auch dadurch wird die Autofokussicherheit nochmals erhöht. Die Vorteile liegen auf der Hand: Durch die Messung durch das Objektiv wird immer mit der Genauigkeit gemessen, die für die

FOTOGRAFIEREN

Das AF-System der EOS 450D ist ein komplexes Präzisionsinstrument.

gewählte Brennweite erforderlich ist. Auch im Makrobereich verschieben sich die Messpunkte nicht!

Die EOS 450D misst mit neun Messfeldern im Bild, dadurch ist die Messung nicht auf einen Punkt beschränkt: Die Autofokus-Sicherheit kann dadurch erheblich gesteigert werden, denn der kamerainterne Prozessor analysiert die Messdaten und erkennt z.B., ob das Hauptmotiv in der Bildmitte oder am Bildrand liegt oder ob z.B. zwei Personen rechts und links von der Bildmitte stehen. Das macht in den meisten Fällen die Verwendung des AF-Messwertspeichers überflüssig, da die Kamera das Motiv erkennen kann.

Ein zusätzliches Schmankerl: Hat die Kamera erkannt, dass das Hauptmotiv z.B. in der linken Bildhälfte liegt, so wird auch bei der Belichtungsmessung das Hauptaugenmerk auf diese Bildpartie gelegt – eine intelligerte Technik, die gerade bei Schnappschüssen Sicherheit gibt!

Wählbare Autofokusmodi

Wie auch schon die EOS 400D erlaubt die EOS 450D die manuelle Wahl der Autofokus-Modi in den klassischen Belichtungsprogrammen P, Av, Tv und M. Welche Einstellung was macht und wann sinnvoll eingesetzt wird, wird an dieser Stelle kurz beleuchtet.

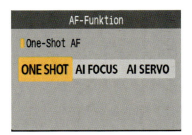

One Shot

Dies ist die wohl klassischste Form des Autofokus: Ist die Schärfe einmal gefunden, was die EOS durch kurzes Aufleuchten des Messfeldes oder einen (abschaltbaren) Piepton meldet, wird die Entfernung so lange gehalten, bis der Auslöser erneut angetippt wird. Einen Autofokusmesswertspeicher gibt es in diesem Modus gleich mit. In den Motivprogrammen für Landschafts-, Makro- und Portraitfotografie ist dieser Autofokus-Modus bereits eingestellt. Schließlich sind dies die Motivbereiche, in denen das Arbeiten mit One Shot Einstellung am meisten Sinn macht. Wer mit der Zeitautomatik Av bewusst die Schärfentiefe steuern möchte, sollte ebenfalls diese Autofokus-Einstellung als Standard wählen.

FOTOGRAFIEREN

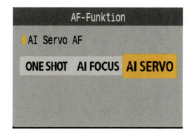

AI Servo AF

Dieser Autofokus-Modus eignet sich bestens für bewegte Objekte und stellt kontinuierlich scharf. Hierbei wird die Bewegung des Hauptmotivs berechnet und selbst die Phase zwischen Auslösung und tatsächlicher Belichtung mit einkalkuliert. Bei automatischer AF-Messfeldwahl wird das mittlere Messfeld als Startmessfeld genutzt.

Sollte sich das Hauptmotiv dann in Richtung äußere Messfelder bewegen, nutzt der AI Servo AF automatisch die dann relevanten Messfelder. Dieser AF-Modus wird bei der EOS 450D im Sport-Belichtungsprogramm automatisch aktiviert. Für alle bewegten Motive ist dies die beste Wahl – daher macht auch der Einsatz zusammen mit der Blendenautomatik Tv Sinn, die sich durch die Wahl einer an die Bewegung eines Motivs angepassten Verschlusszeit ebenfalls bestens für die Action-Fotografie eignet.

AI Focus AF

Im AI Focus AF-Modus erkennt die EOS automatisch, ob sich ein Objekt bewegt oder nicht. Dementsprechend wählt sie selbsttätig den AI-Servo-Betrieb oder One Shot AF.

Im Belichtungsprogramm „Grüne Welle" arbeiten alle Modelle grundsätzlich im AI Focus AF-Modus und sorgen so für eine unbeschwerte aber effiziente Fokussierung. Wenn Sie sich auf Schnappschussjagd befinden, bei der Sie mit allen möglichen Motiven rechnen, ist AI Focus AF eine gute Standardeinstellung.

Welches Programm mit welchem AF-Modus arbeitet, zeigen die jeweiligen Bedienungsanleitungen in deren Anhang in einer übersichtlichen Tabelle.

Typischer Fall für die Ai Servo- oder Ai Focus-Einstellung. Im One Shot Modus würde der eine oder andere Schuss daneben gehen. Hier wurde außerdem der AF-Messpunkt manuell im oberen Drittel angewählt. EF 85mm L USM bei Blende 1,4 und ISO 800, Zeitautomatik.

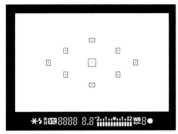
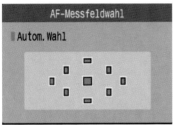
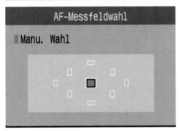

Manuelle Messpunktwahl

In den klassischen Belichtungsprogrammen P, Av, Tv und M ist es möglich, aus den vorhandenen Messfeldern manuell ein Messfeld auszuwählen.
Gerade bei Motiven mit asymmetrischem Aufbau, zum Beispiel bei Portraits oder auch bei Makroaufnahmen und Stillleben, macht der Einsatz dieser Funktion Sinn. So sind Sie in der Lage, dem Bildaufbau entsprechend das beste AF-Messfeld zu wählen – und Sie können sicher sein, dass nicht aufgrund von z.B. Lichtreflexen auf ein falsches Messfeld durch die automatische Messfeldwahl gewechselt wird. Das spart unter solchen Bedingungen Zeit und vermeidet Fehlschüsse.

Tipp:
Wenn die AF-Messfeldwahltaste gedrückt wurde, kann über die Settaste schnell zwischen 9-Punkt-AF und zentralem Messfeld umgeschaltet werden. Dadurch wird bei schwierigen Motiven schnell die richtige Einstellung gefunden.

Autofokus und Lichtstärke

Der Autofokus arbeitet bei der hier besprochenen EOS 450D bis Lichtstärke 1:5,6. Ist die Lichtstärke schwächer, so arbeitet der AF nicht. Das ist besonders beim Einsatz von Konvertern oder Balgengeräten und Zwischenringen zu beachten, da diese Komponenten die Lichtstärke eines Objektivs reduzieren. Ein 2fach-Konverter reduziert die Lichtstärke 1:4,0 beispielsweise auf 1:8,0 – der Autofokusbetrieb ist nun nicht mehr möglich, man muss manuell fokussieren.

Autofokus-Speicherfunktion

Alle EOS-Modelle verfügen über einen Autofokus-Speicher. Der Speicher wird im One-Shot-Modus durch das Durchdrücken des Auslösers bis zum ersten Druckpunkt automatisch aktiviert. So lange der Auslöser in dieser Stellung bleibt, wird die gemessene Entfernung gespeichert.

Befindet sich das Hauptmotiv nicht in der Bildmitte, so visiere ich das Motiv mittig an und speichere durch Drücken des Auslösers den Autofokusmesswert. Nun wird die Kamera bei halb gedrücktem Auslöser wieder in den ursprünglichen Bildausschnitt geschwenkt und ausgelöst. Da der Auslöser gedrückt blieb, wurde nicht erneut die Schärfe gemessen.

Beim Fotografieren von z.B. zwei Personen ist die Funktion auch sehr hilfreich, damit nicht zwischen den beiden Personen hindurch gemessen wird. Also auch hier: eine Person anmessen, speichern, Ausschnitt wählen. Diese Speicherfunktion ist sehr wichtig, wenn selektive Schärfe gefragt ist. Denn nicht immer liegt die Bildpartie, die scharf abgebildet werden soll, in der Bildmitte. Wie immer gilt: Ausprobieren

Über die Custom-Funktion C.Fn IV, Nr. 10-1 kann der AF-Speicher auch auf die Sternchentaste gelegt werden, wenn über den Auslöser der Belichtungsmesswert gespeichert werden soll. Besonders Sportfotografen wählen diese Einstellung häufig, denn dadurch kann der Autofokusvorgang bei Motiven gezielt gestoppt werden, z.B. wenn beim Fußball andere Spieler zwischen Hauptmotiv und Kamera laufen.

Da der Blütenkelch nicht in der Mitte liegt, macht hier der Einsatz des AF-Messwertspeichers oder die manuelle AF-Messpunktwahl Sinn. Die automatische AF-Messfeldwahl kann in diesem Fall durch den hellen Hintergrund irritiert werden. EF 100mm Macro USM.

FOTOGRAFIEREN

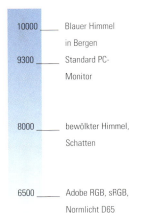

WB Weißabgleich

Bei der konventionellen Filmwahl entscheiden Sie sich nicht nur für eine bestimmte Empfindlichkeit, sondern auch für eine so genannte Farbsensibilisierung. Sie legen durch die Farbsensibilisierung fest, ob der Film bei Tageslicht oder unter bestimmten Kunstlichtbedingungen farblich neutral reagiert. Möchten Sie unter anderen Bedingungen farblich neutrale Bilder erhalten, so muss durch den Einsatz von Farbfiltern – so genannte Konversionsfilter – die Sensibilisierung des Films angepasst werden. In der Praxis gibt man sich mit diesem in der Tat komplizierten Unterfangen nur ungern ab. Kleinere Farbstiche werden in der Regel beim Vergrößern im Labor kompensiert. Aber auch dieses Verfahren ist letztendlich unbefriedigend, weil man das Geschehen nicht unter Kontrolle hat. Besser ist das bei den Digitalkameras gelöst. Alle Digitalkameras haben einen automatischen Weißabgleich und feste Farbsensibilisierungseinstellungen (welch ein Wort), also voreingestellte Weißabgleiche für unterschiedliche Lichtsituationen.

Standardmäßig ist der automatische Weißabgleich aktiviert – quasi ein Film mit variabler Sensibilisierung, den es in der konventionellen Filmwelt gar nicht gibt. Diese Einstellung macht uns das Leben leicht, da die Kamera, egal ob es draußen bewölkt oder sonnig ist, neutrale Bilder liefert. Für die meisten Situationen die perfekte Wahl. Manche Motive leben aber von ihrer subjektiven Lichtstimmung. Schließlich soll ja der Sonnenuntergang in warmes Licht getaucht sein und nicht farblich neutral wiedergegeben werden. Möchte man also bestimmte Lichtstimmungen erhalten oder erzeugen, so helfen meist die manuellen Einstellungen weiter.

Typische Farbtemperaturen und Lichtsituationen.

Die Canon Digitalkameras, auch die EOS-Modelle außer der 1er-Reihe, arbeiten mit automatischem Weißabgleich unter Tageslichtbedingungen neutral, haben aber eine warme Tendenz bei Glühlampenlicht und eine kühle Tendenz bei kaltem Licht. Auf den ersten Blick widerspricht es dem Gedanken des Weißabgleichs, aber es macht dennoch Sinn. So wird die grundsätzliche Lichtstimmung zum Teil beibehalten, was der Bildatmosphäre zugute kommt. Vollständig neutrale Fotos wirken in diesen Situationen oft unnatürlich.

FOTOGRAFIEREN

Farbtemperatur

Alle Filmmaterialien und digitalen Kameras werden auf eine Farbtemperatur abgestimmt. Wie kann Farbe eine Temperatur haben? – eine sicherlich berechtigte Frage! Stellen Sie sich einen vollkommen schwarzen Gegenstand (ähnlich Kohle) vor, der erhitzt wird. Ab einer bestimmten Temperatur beginnt der Gegenstand zu glühen: erst dunkelrot, dann hellrot, über gelb und weiß schließlich blau! Dieses abstrakte Verfahren wurde normiert und den jeweiligen Farben genau die Temperatur in °Kelvin (°Kelvin entspricht °Celsius minus etwa 273°) zugeordnet, bei der dieser abstrakte schwarze Gegenstand eben diese Farbe annimmt – daher spricht man von Farbtemperatur. Tageslicht wird auch mit 5500° Kelvin beschrieben, Glühlampen mit 3400° Kelvin oder weniger. Bewölkter Himmel oder blauer Himmel im Gebirge ergeben eher blaues Licht, oft mit 8000° Kelvin und darüber. Dieses Verfahren funktioniert mit allen Wärmestrahlern, also Glühlampen, der Sonne und auch mit Blitzlicht.

Der automatische Weißabgleich arbeitet unter normalen Bedingungen auf eine neutrale Farbwiedergabe hin. Bei sehr warmem Kunstlicht erhält er aber die Lichtstimmung weitgehend. EF 85mm 1:1,2L USM bei Blende 1,2 und ISO 800.

Um dennoch neutrale Bilder erhalten zu können, bieten die Canon Digitalkameras auch Voreinstellungen für bestimmte Lichtsituationen z.B. Standard-Tageslicht, Glühlampenlicht und bewölkten Himmel. Diese Voreinstellungen arbeiten nicht mit einer festen Farbtemperatur, sondern regeln in einem kleineren Bereich die Farbwiedergabe auf neutral.

Eine kurze Anmerkung zu der Einstellung Glühlampe: damit ist nicht die Schreibtischlampe gemeint, sondern die Halogen-Filmleuchte, die in der Regel mit Standardhalogenlampen mit 3200° oder 3400° Kelvin bestückt ist.

Tipp:
Mit dem automatischen Weißabgleich fährt man in der Regel bestens. Bei bestimmten Lichtsituationen und Bildstimmungen sollte aber die Kamera manuell eingestellt werden:
Arbeitet man mit Filmleuchten und einfarbigem Hintergrund, so sollte die Einstellung „manuell" gewählt werden. Das Gleiche gilt analog für Außenaufnahmen mit einfarbigem Hintergrund (z.B. einer roten Ziegelwand).

Das Resultat lässt sich ja in jedem Fall über den LCD-Monitor kontrollieren. Im Zweifelsfall lieber zwei Aufnahmen machen und später die bessere verwenden.

Was ist aber mit Leuchtstoffröhren? Sie folgen nicht den Gesetzen der Wärmestrahler, da durch deren Gasentladung das Licht auf andere Art und Weise erzeugt wird. Um auch bei diesen Lichtquellen farblich neutrale und korrekte Bilder zu erzeugen, können Sie auch die Einstellung Leuchtstoffröhre wählen. Machen Sie bei Leuchtstofflampenlicht Aufnahmen mit den Einstellungen Tageslicht oder Kunstlicht, so müssen Sie mit einem Grünstich rechnen.

Alle digitalen EOS-Modelle können zusätzlich auf Blitzlicht optimiert werden und verfügen außerdem über eine individuelle, manuelle Farbabstimmung – den manuellen Weißabgleich: hier wird ein Referenz-Motiv fotografiert, z.B. ein weißes Blatt Papier, und als Referenz für Weiß genutzt. Sicherlich ist das die aufwändigste Methode, doch in seltenen Fällen bei extrem schwierigen

FOTOGRAFIEREN

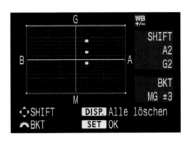

Motiven, z.B. Mischlichtsituationen oder im Studio, ist sie sehr hilfreich und führt zu guten Ergebnissen.

Die EOS 450D bietet wie ihre großen Schwestern auch noch eine Weißabgleichs-Reihe (Sequenz) an. Hier werden nicht drei Aufnahmen gemacht, sondern nur eine. Aber es werden drei Bilddateien mit unterschiedlichen Farbtemperatureinstellungen je Auslösung abgespeichert! Jede Stufe der Skala entspricht einer Differenz von 5 Mired (siehe Kasten).

Praktisch ist dieses Verfahren bei kritischen Motiven und ausreichender Speicherkapazität.

Mired

Um den Unterschied zweier Farbtemperaturen zu beschreiben, könnte man einfach die Differenz in Kelvin nutzen, doch würde dieser Wert den wahrgenommenen Unterschied, oder bei Filtern die Korrekturkraft, nur unzureichend beschreiben.

Daher nimmt man die Einheit Mired die sich von „Micro Reciprocal Degrees" ableitet und durch die einfache Formel Mired = 1.000.000 / Kelvin berechnet.
Der Vorteil: Dieser Wert gilt als Maß für eine Farbtemperaturdifferenz, egal in welchem Bereich der Farbtemperaturskala man sich befindet. Die Differenz erscheint visuell gleich groß, auch wenn der tatsächliche Zahlenwert der Differenz unterschiedlich groß ist.

Wichtig: Soll unter allen Umständen mit konstanter Farbsensibilisierung gearbeitet werden, so sollte mit der Blitzlicht- oder der manuellen Einstellung gearbeitet werden!

Aber die Voreinstellungen lassen sich auch bewusst kreativ einsetzen! Setzen Sie bei Glühlampenlicht die Einstellung „Tageslicht" oder „wolkig" ein, so erhalten Sie einen sehr warmen, gelborangen Farbcharakter. Sonnenuntergängen oder dem Candle-light-Dinner verleiht diese Einstellung eine sehr stimmungsvolle Bildwirkung.
Setzen Sie die Einstellung „Glühlampen" z.B. bei moderner Architektur ein, so bekommt die Aufnahme eine kühle technische Aus-

strahlung. Bei Portrait gilt: einfach ausprobieren. Je nach Bildintention lässt sich auch hier die richtige Stimmung finden.

Sicherlich kann man diese Effekte auch nachträglich in der Bildbearbeitung im PC erzeugen. Aber – und viel wichtiger: durch die Einstellungen des Weißabgleichs kann die Bildstimmung schon vor Ort betrachtet werden! Nutzen Sie häufig Bilderdienste, ohne Ihre Fotos vorher zu bearbeiten, dann ist der oben beschriebene Weg ohnehin der beste

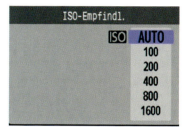

ISO Filmempfindlichkeit

Im Gegensatz zu analogen Kameras kaufen Sie bei einer digitalen Kamera den Film gleich mit. Umso wichtiger ist es, dass die „Film"-Empfindlichkeit für fast alle fotografischen Anwendungsbereiche geeignet ist.

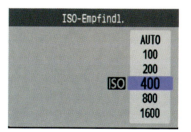

Wie konventioneller Film haben auch digitale Kameras eine „Film"-Empfindlichkeit. Die Filmempfindlichkeit bei konventionellen Filmen definiert sich über die Schleierbildung – die Belichtung, ab der sich eine Schwärzung im Negativ in einer bestimmten Stärke feststellen lässt.

Das Verfahren zur Festlegung dieser Empfindlichkeit wird über eine ISO-Norm geregelt. Anders in der digitalen Welt: da es noch keine hochoffiziellen Standards gibt, ist die Umrechnung der Sensorempfindlichkeit in eine Quasi-Filmempfindlichkeit eher willkürlich.

Wie alle anderen Hersteller auch definiert Canon die Filmempfindlichkeit über ein so genanntes Mindestrauschen. Rauschen ist in der digitalen Welt – auch in der Videowelt – eine Beschreibung für einen Effekt, der visuell am ehesten mit Körnigkeit zu vergleichen ist. Farb- und Helligkeitsinfomationen werden nicht mehr eindeutig, sondern mit deutlichen Fehlern wiedergegeben: Flächen werden z.B. nicht mehr homogen, sondern durch viele kleine, unregelmäßig farbige Bildpunkte wiedergegeben – das Bild rauscht. Sie kennen diesen Effekt, wenn Sie unterbelichtete Negative vergrößern. Auch hier werden Flächen verrauscht wiedergegeben.

ISO 800 und ein Objektiv mit Bildstabilisator ermöglichen stimmungsvolle Aufnahmen bei wenig Licht aus der Hand. Hier mit EF-S 18-55mm IS.

Freihand-Nachtaufnahmen gelingen mit ISO 800 und einer ruhigen Hand auch mit lichtschwächeren Zooms. Hier wurde das EF 17-40mm L USM bei Blende 4,0 und einer 1/25 Sekunde mit der 20mm Einstellung genutzt.

Canon hat sich hohe Maßstäbe für die Beherrschung des Rauschens gesetzt und definiert die Filmempfindlichkeit des Sensors mit 100 ISO. In der Praxis heißt das, dass kein nennenswertes Rauschen in den Bildern feststellbar ist. Sie können die Filmempfindlichkeit aber auch als 400 ISO oder 800 ISO und höher setzen – und das mit sehr rauscharmen Ergebnissen.

Hier liegt ein großer Vorteil der großen Sensoren im Vergleich zu den digitalen Kompaktkameras! Bei ähnlicher Pixelzahl fallen durch die erheblich größere Fläche die einzelnen Pixel erheblich größer aus – und sie rauschen dafür weniger bzw. erlauben einen nach oben größeren ISO-Bereich. Im Vergleich zu den kompakten Schwestern fallen die EOS-Pixel in der Fläche leicht zehnmal so groß aus!

Die EOS 450D arbeitet bei den Motivprogrammen in einem ISO-Automatikmodus: führt die Standard-Empfindlichkeit zu schlechten Zeit/Blenden-Kombinationen, regelt er in einigen Programmen automatisch die Empfindlichkeit in einem bestimmten Bereich nach oben oder unten.

Durch Einstellen der hohen Filmempfindlichkeiten gewinnen Sie in kritischen Situationen Belichtungsreserven, um unverwackelte Aufnahmen sicherzustellen. Aber Sie bezahlen dieses „Pushen" mit einem höheren Rauschen – so, wie in der analogen Welt 800 ISO Filme auch eine stärkere Körnigkeit als 100 ISO Filme haben. Dennoch ist besonders bei den aktuellen Modellen das Bildrauschen bei hohen Empfindlichkeiten im Vergleich zum Film erfreulich niedrig und lässt dadurch auch große Ausgabeformate zu.

Darüber hinaus haben Sie bei RAW-Aufnahmen die Möglichkeit auch im Nachhinein mit der Canon-Software Digital Photo Professional das Helligkeits- und Farbrauschen manuell zu reduzieren. Sie sehen am PC-Monitor zuverlässig den Effekt und können ihn jederzeit wieder rückgängig machen.

Bei Belichtungszeiten jenseits der 1,5 Sekunden sollte die automatische Rauschreduzierung bei Langzeitbelichtungen über C.Fn II, Nr.3 aktiviert oder auf "automatisch" eingestellt werden.

Tipp:
Es ist nicht sinnvoll, Empfindlichkeiten jenseits der 400 ISO-Einstellung als Standard zu setzen. Benutzen Sie die höheren Empfindlichkeiten nur, wenn Sie diese wirklich benötigen!

Belichtungsmessung

Steht die Empfindlichkeit des Sensors erst einmal fest, so sorgt der Belichtungsmesser für die Wahl der richtigen Zeit- und Blendenkombination in Abhängigkeit von der Motivhelligkeit. Bei dem Thema Motivhelligkeit sind wir an einem wunden Punkt der Belichtungsmessung angelangt: woher weiß der Belichtungsmesser, wie mein Motiv beschaffen ist?

Klar, der Belichtungsmesser kann es nicht wissen! Grundsätzlich geht ein Belichtungsmesser immer davon aus, dass ein durchschnittliches Motiv eine durchschnittliche Helligkeitsverteilung hat. Dieser statistische Durchschnittswert ergibt ein mittleres Grau mit einer Reflexion von 18% – trockener grauer Asphalt sieht diesem Grau sehr ähnlich.

Die Angabe der Reflexion gibt an, wie hell das Grau letztendlich ist und hat nichts mit Glanz zu tun. Dieser 18%ige Grauwert stellt einen internationalen Standard und Eichwert dar, nach dem sich alle Belichtungsmesser richten. Die EOS 450D macht da natürlich keine Ausnahme.

Ausgehend von dem Durchschnittswert messen Kameras die Belichtung in den meisten Fällen korrekt, nur manchmal weichen eben Motive – meist vom Beleuchtungscharakter besonders schöne – von dieser Regel ab! Aus diesem Grund verzichten auch hochwertigste Kameras nicht auf eine Belichtungskorrekturfunktion, durch die eventuelle Fehlmessungen dann individuell nach oben oder unten korrigiert werden können.

Ebenso sollte eine Speicherfunktion für den Belichtungsmesswert nicht fehlen. Oft reicht das Anmessen einer asphaltierten Straße aus, um eine kritische Lichtsituation korrekt zu belichten.

Um die Fehlerquote der Belichtungsmessung möglichst gering zu halten, gibt es diverse Techniken und Messmethoden, die in diesem Kapitel vorgestellt werden.

Bei der EOS 450D kann man wie bei den größeren Modellen in den Belichtungsprogrammen P, Av, Tv und M die verschiedenen Belichtungsmethoden frei wählen.

◉ Mehrfeldmessung

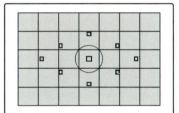

Die hier besprochene EOS 450D misst mit insgesamt 35 Messfeldern, die einen großen Bereich des Bildes abdecken. Die Mehrfeldmessmethode misst über diese Bildbereiche und analysiert die Helligkeitsverteilung im Bild. Misst die Kamera beispielsweise einen sehr hohen Kontrast im oberen Bildsegment, geht sie von einer Gegenlichtsituation aus und belichtet etwas heller.

Auch geht sie davon aus, dass extrem helle Motive (z.B. Schnee) heller belichtet werden und extrem dunkle Aufnahmesituationen (Nachtaufnahmen) dunkler – was der fotografischen Praxis durchaus entspricht.

Durch die Koppelung mit dem Autofokus misst die Kamera stärker in den Bereichen, die das AF-System als Hauptmotiv analysiert hat. Dadurch ist die Mehrfeldmessmethode eine ideale Synthese aus mittenbetont integraler und Selektiv-Messmethode. Sie befreit besonders bei Schnappschüssen von der Belastung, sich über die Belichtungssteuerung Gedanken machen zu müssen. Das kommt Schnappschussmotiven in idealer Weise entgegen.

Als Werkzeuge zur Belichtungsbeeinflussung bleiben die Messwertspeicherung und die Belichtungskorrekturfunktion übrig. Die nachträgliche Kontrolle über den LCD-Monitor ermöglicht Ihnen natürlich jederzeit die abschließende Beurteilung der Belichtungsmessung!

Bei kontrastreichen Motiven spielt die Mehrfeldmessung ihre Vorteile voll aus. Fehlbelichtungen sind ausgesprochen selten.

FOTOGRAFIEREN

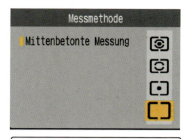

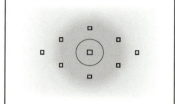

[ ] Mittenbetont integrale Messung

Die mittenbetont integrale Messmethode ist eine klassische Standard-Messcharakteristik. Sie wird am ehesten dem oben beschriebenen Ansatz der durchschnittlichen Helligkeitsverteilung gerecht und hat sich ebenfalls als Schnappschuss-Messmethode bewährt. Allerdings misst sie nicht die komplette Chipfläche gleichmäßig, sondern gibt der Bildmitte etwas mehr Gewicht.

Das hat gerade bei Schnappschussaufnahmen und Familienbildern den Vorteil, dass das Hauptmotiv – meist in der Bildmitte – stärker berücksichtigt wird. So werden eventuelle Störfaktoren, wie z.B. Lichtquellen und Fenster am Bildrand nicht so stark in die Messung einbezogen, da diese meist zu mehr oder weniger starken Unterbelichtungen führen würden.

Insgesamt ist aber die Gefahr einer Fehlbelichtung größer als bei der Mehrfeldmessmethode. Auf der Habenseite steht aber klar der Vorteil, dass Sie das Belichtungsverhalten der Kamera besser lernen und einschätzen können, da die Belichtung nicht durch kamerainterne Korrekturroutinen unbemerkt verändert wird.

In Kombination mit dem Messwertspeicher ist die mittenbetont integrale Messung sehr leistungsfähig und zuverlässig.

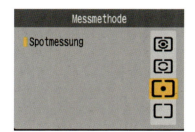

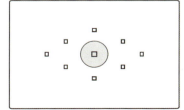

[◯] [·] Selektivmessung und Spotmessung

Die Selektivmessung ist eine weitere wichtige Messcharakteristik der EOS. Die selektive Messmethode misst nur einen sehr kleinen Bereich des gewählten Bildausschnittes, um ganz präzise und konzentriert die Belichtung zu bestimmen. Im Vergleich zur verwandten Spotmessung misst sie einen etwas größeren Bildbereich und ist dadurch etwas leichter zu beherrschen.

Steht beispielsweise eine Person vor einem Fenster, so wird nur die Person, nicht aber das Störlicht des Fensters gemessen.
Liegt das Hauptmotiv nicht in der Bildmitte, kommt die Messwertspeicherung zum Zuge: bildrelevantes Teil anvisieren, Belichtungsmesswert speichern, zurückschwenken, auslösen.
Es stellt sich nun die Frage, warum Sie nicht immer die Selektiv-

Bei diesem Motiv macht es Sinn, die Selektivmessung einzusetzen. Gemessen wurde auf die gelbe Leuchte oben links.

messung benutzen sollten, da sie ja immer nur den wirklich wichtigen Bereich im Bild misst!
Und genau das ist das Problem: Der bildwichtige Bereich ist nicht immer im Durchschnitt 18-prozentiges Grau – im Gegenteil!

Auch die Selektivmessung folgt diesem Standardwert der Belichtungsmessung. Deshalb muss man sich sehr genau bewusst machen, was wirklich gemessen werden soll. Gesichter sind beispielsweise etwas heller als besagter Grauton, so dass häufig eine Belichtungskorrektur um 1/2 bis 1 Stufe erforderlich wird.

Wie sehr die Selektivmessung zu falschen Ergebnissen führen kann, zeigt das Anmessen z.B. eines Brautkleides (Ergebnis viel zu dunkel) oder eines schwarzen Anzuges (Ergebnis viel zu hell). Der Belichtungsmesser versucht immer (!) aus der gemessenen Bildpartie in der Helligkeit ein mittleres Grau zu produzieren – egal wie das Motiv ausschaut. Nichtsdestotrotz ist die Selektivmessung eine sehr wichtige Funktion. Sie leistet sehr wertvolle

Dienste, wenn die Szenerie sehr kontrastreich ist oder das Hauptmotiv nicht wie z.B. der Hintergrund beleuchtet wird: z.B. wenn eine Person im Schatten unter einem Baum bei hellem Sonnenlicht fotografiert werden soll oder man durch einen Torbogen hindurch fotografieren möchte. Auch bei Gegenlicht, Sonnenuntergängen und reflektierenden, spiegelnden Objekten erweist sich diese Messmethode als guter Freund.

Die EOS 450D bietet nun außerdem die Spotmessung. Für sie gilt das gleiche wie für die Selektivmessung. Durch das nochmals kleinere Messfeld arbeitet man mit der Spotmessung noch sensibler, denn die gewünschten Bildbereiche lassen sich dadurch präziser anmessen.

Die Selektiv- und Spotmessung gelten gemeinhin als Profi-Messmethoden, allerdings ist sie auch die mit Abstand am schwierigsten zu beherrschende. Die EOS 450D macht es Ihnen jedoch leicht, den perfekten Umgang damit zu lernen und zu beherrschen! Denn zum einen sehen Sie das Messfeld der Spotmessung über den mittigen Kreis der Suchermattscheibe, zum anderen sehen Sie kurz nach der Aufnahme, ob die Messung auch zum gewünschten Erfolg geführt hat. Mit „analogem" Equipment sehen Sie erst nach der Filmentwicklung, ob Sie richtig gemessen haben – anfangs ist das wirklich Glückssache. Probieren Sie es aus!

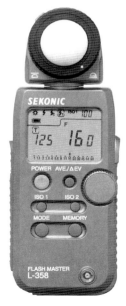

Foto: Seconik

Lichtmessung

Sie können die Belichtung auch per Handbelichtungsmesser ermitteln, der durch die Möglichkeit der Lichtmessung eine weitere Variante der Messcharakteristik eröffnet. Hierbei wird nicht das Licht, das vom Motiv reflektiert wird gemessen, sondern das Licht, das auf das Motiv auftrifft. Dieses Messverfahren bleibt dadurch von Fehlinterpretationen durch Reflexe, helle oder dunkle Oberflächen unberührt und ist die wohl zuverlässigste

Messmethode überhaupt. Leider bleibt sie technisch bedingt ausschließlich Handbelichtungsmessern vorbehalten.

Belichtungskorrekturfunktion

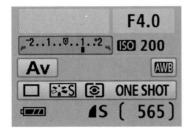

Alle EOS-Modelle haben die Belichtungskorrekturfunktion, mit der die Belichtungsmesswerte um bis zu zwei Blendenstufen nach oben und unten korrigiert werden können.

Weil Belichtungsmesser sich an dem 18%-Grau-Standard orientieren, werden manche Motive zu hell oder zu dunkel wiedergegeben. Der Grund ist einleuchtend: Eine weiße Wand beispielsweise gaukelt dem Belichtungsmesser eine große Umgebungshelligkeit vor. Dass nur die Wand hell ist, nicht jedoch die Gesamtszenerie, weiß der Belichtungsmesser ja nicht. Die Folge ist eine zu knappe Belichtung.

Umgekehrt das Gleiche mit einer dunklen Wand: Der Belichtungsmesser „sieht" wenig Umgebungshelligkeit und wählt eine zu reichliche Belichtung. Die schwarze Wand wird grau, der Rest viel zu hell!

Tipp:
Manchmal ist das Arbeiten mit dem Messwertspeicher schneller als die Belichtungskorrektur. Mit etwas Übung bekommen Sie einen Blick für „Ersatzmesspunkte", die den gleichen Effekt haben wie eine Belichtungskorrektur. Allerdings ist die Belichtungskorrektureinstellung klar im Vorteil, wenn unter den gleichen Lichtbedingungen mehrere Aufnahmen gemacht werden sollen.

Ist die Arbeitsweise des Belichtungsmessers klar, so ergibt sich daraus auch die Richtung, in welche die Belichtung korrigiert werden muss: Bei Motiven mit vielen hellen Bildpartien (z.B. weiße Wände) ist eine Korrektur in den Plusbereich erforderlich, bei dunklen Motivpartien eine Korrektur in den Minusbereich. Welchen Wert Sie einstellen müssen, hängt von der jeweiligen individuellen Situation ab. Nutzen Sie den LCD-Monitor, um den Effekt Ihrer eingestellten Belichtungskorrektur zu überprüfen.

FOTOGRAFIEREN

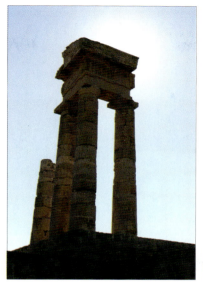 

Soll die Akropolis trotz Gegenlichts alle Details zeigen, muss mit der Belichtungskorrekturfunktion gearbeitet werden. Alternativ kann in solch einem Fall auch die Selektivmessung zusammen mit dem Belichtungsmesswertspeicher eingesetzt werden.

✻ Speicherung des Belichtungsmesswertes

Die Messwertspeicherung ist eine sehr wichtige Funktion, besonders in Kombination mit der Selektiv- und Integralmessung! Denn nicht immer ist der bildwichtige Teil des Motivs in der Bildmitte. Durch die Messwertspeicherung kann der wichtige Teil des Motivs angemessen und gespeichert werden. Hierfür gibt es zwei Möglichkeiten: Nach dem Fokussieren im One-Shot Modus und gleichzeitiger Mehrfeldmessung ist die Belichtung automatisch durch die Kamera gespeichert, oder aber manuell über die Sternchen-Taste.

Das manuelle Speichern über die Sternchentaste ist dann praxisgerechter, wenn das aktive Autofokusfeld nicht mit dem Bereich übereinstimmt, der zur Messwertspeicherung herangezogen werden soll. Das tritt z.B. bei Gegenlicht und Brautkleid-Situationen oder aber bei Aufnahmen mit geringer Schärfentiefe durchaus häufiger auf, so dass man sich angewöhnen sollte, mit der Sternchentaste zu arbeiten. Die Kamera wird nach der Messwertspeicherung auf den ursprünglichen Bildausschnitt zurückgeschwenkt und die Aufnahme wird belichtet.

Der Effekt der Messwertspeicherung ist durch den eingebauten LCD-Monitor schon kurz nach der Aufnahme zu kontrollieren und gibt Ihnen die hundertprozentige Sicherheit in der Anwendung dieser Funktion.

 Belichtungsreihenautomatik

Sie wird auch Bracketing genannt und sorgt für drei unterschiedlich belichtete Bilder kurz hintereinander. Sie fragen sich sicherlich, was eine solche Funktion bei einer Digitalkamera mit hochmoderner Belichtungsmessung zu suchen hat. Kann die Kamera vielleicht doch nicht korrekt belichten?

Natürlich kann sie das, und das Bracketing ist auch keine technische Krücke, um eine ungenaue Belichtungsmessung auszugleichen. Doch ab und an haben wir es mit Motiven zu tun, deren Bildwirkung je nach Belichtung unterschiedlich ist, und man deswegen nicht eindeutig sagen kann, welche Belichtung die „Richtige" ist.

Um in solchen Situationen – zum Beispiel Gegenlicht, Sonnenuntergänge – nicht unnötig Zeit zu verlieren, ist der Einsatz des Bracketing sinnvoll. Erst einmal drei schnelle Aufnahmen hintereinander weg schießen, ohne das Motiv zu verpassen, und danach das optimale Bild auswählen. Eine schnelle und sichere Methode.

In der Praxis haben Sie die Möglichkeit die drei unterschiedlichen Belichtungen individuell zu bestimmen. Standardmäßig belichten alle EOS-Modelle jeweils ein Bild normal, eines unter und eines über. Die Stärke der Über- und Unterbelichtung können Sie in 1/3-Stufen wählen.

Beispiel: Belichtungsreihe auf 1 Blende Differenz, die Belichtungskorrektur auf „-1" einstellen. Als Resultat erhalten Sie eine normal belichtete Aufnahme und zwei um eine bzw. zwei Blendenstufen unterbelichtete Aufnahmen – ideal für z.B. Sonnenuntergänge.

Da in der konventionellen Fotografie das Bracketing den Filmverbrauch ziemlich in die Höhe treibt, wird es dort eher zögerlich eingesetzt. Bei der digitalen EOS 450D können Sie diese Funktion häufig und ohne Zögern nutzen, denn Sie können die überflüssigen Bilder ja unmittelbar nach der Aufnahme wieder löschen.

Tipp:
Kombinieren Sie die Bracketingfunktion mit der Belichtungskorrektur, können Sie die Belichtungsreihe schieben. Dadurch erzielen Sie beispielsweise Belichtungsreihen, die nur unter- oder nur überbelichtet sind.

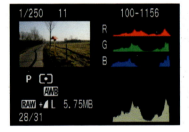

Belichtungskontrolle über Histogramm

Eine sehr effektive Art, die Belichtung nach der Aufnahme zu kontrollieren ist das Histogramm! Das Histogramm ist eine grafische Darstellung der Helligkeitsverteilung als Gesamtes oder in den RGB-Farbanteilen in Ihrer Bilddatei. Die x-Achse (horizontal) zeigt Ihnen das vollständige Helligkeitsspektrum auf. Die y-Achse (senkrecht) zeigt die Anzahl der Bildpunkte, die einen entsprechenden Helligkeitswert im Bild aufweisen. Je höher der Ausschlag des Diagramms, desto mehr Bildpunkte zeigen denselben Helligkeitswert. Befinden sich in dem rechten oder linken Bereich des Histogramms keine Werte, besitzt Ihre Bilddatei kein reines Weiß oder kein reines Schwarz – beides ist Grund für eine eher flaue oder matschige Bilddarstellung.

Eine optimale Bilddatei deckt alle Helligkeitswerte ab. Bis auf wenige Ausnahmen sollte Ihr erstes Ziel sein, die Lücken im Histogramm zu schließen. Nutzen Sie deshalb das Histogramm zur Kontrolle. Ausnahmen sind Motive, die ihren Charakter durch eine duftige oder düstere Darstellung erhalten: Bilder im Nebel oder in der Dunkelheit sind beispielhaft typische Vertreter.

Die Belichtungskorrekturfunktion und auch die manuelle Einstellung des Kontrasts, die zu einem späteren Zeitpunkt genauer erklärt wird, sind ideale Werkzeuge, um eine optimale Belichtung auch bei Ausnahmemotiven zu erzielen. Eine zusätzliche Hilfe ist das „Blinken" vollständig weißer ausgefressener Bildpartien, in denen keinerlei Detailzeichnung mehr vorhanden ist. Sind es in diesem Fall keine Spitzlichter oder Reflexe, die blinken, so sollte auf jeden Fall die Belichtung nach unten korrigiert werden oder ein weicherer Kontrast über die manuelle Kontrasteinstellung eingestellt werden.

Belichtung mit Komfort

Hat die EOS die Belichtung gemessen, so stellt sich die Frage, wie die Belichtungsdaten in Verschlusszeiten und Blendenwerte umgesetzt werden. Dabei führen viele Wege zum Ziel! Das Spektrum reicht von der komfortablen Vollautomatik, die Ihnen die komplette Steuerung, aber auch die Einflussnahme, abnimmt, bis zur vollständig manuellen Wahl von Zeit- und Blendenwerten.

In vielen Fällen kann aber der Komfort der Vollautomatik mit dem kreativen Potenzial der manuellen Einstellung kombiniert werden. Dieses Kapitel zeigt Ihnen, wie Sie mit Ihrer EOS alle Möglichkeiten der Belichtungssteuerung optimal nutzen.

P ☐ Programmautomatik und „Grüne Welle"

Die EOS 450D hat zwei Programmautomatiken zur Auswahl: Die P-Variante, die Ihnen noch einiges an Einflussmöglichkeit über Belichtungskorrektur und Messmethode gibt, und die einfache „Grüne-Welle"- Variante, die keinerlei Fehlbedienung mehr zulässt. Beide Programmautomatiken nutzen aber die gleiche Belichtungssteuerungsmethode.
Jeder Motivhelligkeit ist eine Zeit-Blenden-Kombination zugeordnet. Sehr helles Umgebungslicht führt zu kurzen Verschlusszeiten und kleinen Blenden, eher schwach beleuchtete Motive werden mit längeren Verschlusszeiten und offeneren Blenden belichtet. Charakteristisch für die Programmautomatik ist, dass mit sich

verändernder Helligkeit sowohl Verschlusszeiten als auch Blendenwerte variiert werden. In diesem Belichtungsmodus haben Sie erst einmal keinen Einfluss, welche Blenden-Zeit-Kombination verwendet wird – das entscheidet die Kamera für Sie.

Die EOS 450D bietet aber im P-Modus die Möglichkeit, die Zeit-Blenden-Kombination zu ändern oder, wie man auch sagt, zu „shiften". Das passiert freilich, ohne die korrekte Belichtung zu gefährden. Nachdem der Messwertspeicher aktiviert wurde, können Sie durch Drehen des Einstellrades die Zeit/Blendenwerte nach Ihrem Geschmack und Ihren Absichten variieren.

Im P-Modus können Sie auch die Messcharakteristik und die AF-Methode wählen. Ebenso haben Sie Einfluss auf die Bildfrequenz. In der Grünen Welle können Sie kein RAW-Format anwählen!

Tipp:
Wenn Sie grundsätzlich die Kontrolle über Zeit und Blende haben möchten, sind Sie mit der Zeit- oder Blendenautomatik wesentlich schneller als im P-Modus mit Programm-Shift. Im P-Modus sollte man zudem darauf achten, dass man nicht in Gefahr gerät, durch eine zu lange Verschlusszeit zu verwackeln.

Ein weiterer grundsätzlicher Unterschied zwischen der Programmautomatik und der grünen Welle: In Letzterer schaltet sich der eingebaute Blitz automatisch zu, im P-Modus muss der Blitz manuell aktiviert werden.

Das hat Vor- und Nachteile: zwar denkt die grüne Welle auch ans Blitzen, aber in sensiblen Fotosituationen kann der automatische Blitz auch schnell als störend empfunden werden und die Lichtstimmung zunichte machen. Um solchen Situationen aus dem Weg zu gehen, besitzt die EOS 450D noch eine dritte, etwas versteckte Variante. Am Ende der Motivprogrammskala finden Sie die grüne Welle mit abgeschaltetem Blitz. In Kirchen oder in Situationen, wo das Blitzlicht stört, ist dies die richtige Vollautomatik für unbeschwertes Fotografieren.

Bei den beiden Varianten der grünen Welle können Sie leider keine Filmempfindlichkeit enstellen! Das macht die Kamera für Sie in einem praxisgerechten Bereich automatisch.

Als Schnappschuss-Belichtungsautomatik ist die Programmautomatik sicherlich die perfekte Wahl, da es praktisch keine Lichtsituation gibt, welche die Programmautomatik nicht technisch einwandfrei abdeckt. Zur bewussten Bildgestaltung gibt es aber bessere Alternativen!

Av Zeitautomatik (Blendenpriorität)

Bei allen EOS-Modellen kann als Belichtungsmodus die Zeitautomatik gewählt werden. In diesem Modus wählen Sie einen festen Blendenwert, zu der die EOS die zur korrekten Belichtung notwendige Verschlusszeit wählt.

> **Tipp:**
> Manchmal macht es Sinn, die Zeitautomatik zu nutzen, um Verwacklung auszuschließen: Sie wählen eine möglichst offene Blende. Die Kamera ist nun gezwungen, dazu die kürzestmögliche Verschlusszeit zu wählen! So eingesetzt ist die Zeitautomatik in der Praxis oft die bessere Blendenautomatik.

In der Anwendung fast genauso schnell wie die Programmautomatik, kann die Zeitautomatik zur kreativen Einflussnahme genutzt werden. Durch die Vorgabe eines Blendenwertes beeinflussen Sie die Schärfentiefe.

Portraits werden durch die Wahl einer großen Blende durch eine geringe Schärfentiefe vom Hintergrund gelöst. Makroaufnahmen bei kleiner Blende erreichen ein Maximum an Schärfentiefe.

Durch die Wahl einer großen Blende erhalten Sie bei Makroaufnahmen malerische bis surreale Effekte. Der Effekt der Blende lässt sich vor der Aufnahme über die Abblendtaste und nach der Aufnahme am Monitor kontrollieren. Am besten, Sie nutzen hierfür auch die Lupenfunktion zur Bildbeurteilung.

Mit der Zeitautomatik kann durch die gezielte Wahl der Blende die Schärfentiefe bewusst zur Bildgestaltung genutzt werden. In diesem Falle wurden durch den Einsatz des TS-E 24mm stürzende Linien vermieden. Selektivmessung auf die Bildmitte.

Tv Blendenautomatik (Zeitpriorität)

Genau umgekehrt wie die Zeitautomatik arbeitet die Blendenautomatik: durch die bewusste Wahl einer Verschlusszeit kann gezielt Verwacklungsunschärfe ausgeschlossen werden. Auch können durch entsprechende Wahl Bewegungsunschärfen vermieden oder erzeugt werden.

Ein reißender Bachlauf bekommt erst durch eine mit langer Verschlusszeit erzeugte Bewegungsunschärfe die nötige Dynamik. Spielende Kinder und Hunde werden durch eine kurze Verschlusszeit scharf und präzise abgebildet.

Letztendlich ist es eine Frage Ihrer Bildintention, ob Sie eher lange oder lieber kurze Verschlusszeiten wählen sollten. Wischeffekte symbolisieren Bewegung, wie der obligatorische Bachlauf oder der Rennwagen vor verwischtem Hintergrund. Präzision und Objektivität hingegen symbolisiert die eingefrorene, scharfe Abbildung mit kurzen Verschlusszeiten.

Eines wird aus dem eben Gesagten klar: Egal ob Sie die Zeit- oder die Blendenautomatik einsetzen – Sie müssen sich schon vor der Aufnahme im Klaren sein, was Ihre Bildaussage sein soll.

Tipp:
Auch die Blendenautomatik kann als Sicherheitsreserve eingesetzt werden. Sie wählen eine auf jeden Fall verwacklungssichere Verschlusszeit – denn was nützt Ihnen eine maximale Schärfentiefe, wenn Sie die Aufnahme verwackeln? Testen Sie sich an Ihre pesönliche Verwacklungszeit heran, denn jeder Mensch hält unterschiedlich ruhig.

M Manuelle Einstellung

In diesem Modus arbeitet die EOS vollständig manuell. Sie können willkürlich eine Zeit/Blenden-Kombination wählen. Auch hierbei steht Ihnen der interne Belichtungsmesser zur Verfügung: er zeigt Ihnen in Drittelwerten an, wie viele Blenden- oder Zeitstufen Sie noch von der optimalen Belichtung entfernt sind. So erfahren Sie zuverlässig die korrekte Belichtung, können aber sehr schnell bewusst unter- oder überbelichten.

Mit einem Blick auf den fotografischen Alltag wird sicherlich schnell klar, dass die manuelle Belichtungseinstellung nicht als zusätzliche Alternative zu Zeit-, Blenden- oder Programmautomatik gedacht ist. Schließlich sind die Automatiken wesentlich schneller und durch Selektivmessung und Belichtungsmesswertspeicher auch in kritischen Situationen souverän.

Bleibt noch die Frage offen, wo denn die Einsatzbereiche der manuellen Belichtungseinstellung liegen. Sicherlich im Studio! Dort wird in der Regel mit Studioblitzanlage gearbeitet, die ohnehin eine manuelle Einstellung von Zeit und Blende erfordert.

Oder bei der Bühnenfotografie: hier ist das Arbeiten mit Messwertspeicher und Selektivmessung zu umständlich. Einmal die Kamera manuell auf Bühnenlichtbedingungen eingestellt und los geht's. Bei Pop- und Rockkonzerten ist die Beleuchtungssituation sehr schwankend, deshalb sollten Sie hier weiterhin mit den Automatikmodi fotografieren.

A-DEP Schärfentiefeautomatik

Eine Sonderstellung nimmt die Schärfentiefenautomatik ein. Im Unterschied zur Zeitautomatik, bei der manuell die Schärfentiefe über die Wahl der Blende gesteuert wird, legt die Schärfentiefenautomatik die notwendige Blende selber fest. Hierfür werden über alle Autofokusmesspunkte die unterschiedlichen Entfernungen ermittelt und dann wird die Blende berechnet, die für die vollständige Abdeckung des gemessenen Entfernungsbereiches notwendig ist. Das ist ausgesprochen komfortabel. Doch auch hier gibt es zwei Dinge zu beachten: Zum einen kann auch diese Automatik die Gesetze der Optik nicht aushebeln. Bei einem Ma-

Bei Motiven mit derart komplizierten Helligkeitsverhältnissen ist der Einsatz der manuellen Belichtungseinstellung oft sinnvoll, da Lichtreflexe – wie hier durch wehende Blätter – nicht mehr wahrgenommen werden. Auch hilfreich, wenn es schnell gehen soll: die Belichtungsreihe.

FOTOGRAFIEREN

kromotiv wird auch durch das A-DEP Programm die Schärfentiefe nicht bis unendlich reichen können. Zum anderen ist die Definition, was noch als scharf empfunden wird und somit als Schärfentiefe gesehen wird, etwas vom Betrachter abhängig. Man geht davon aus, dass ein 10 x 15 cm großes Foto aus einem Abstand von 25-30 cm betrachtet wird. Wer also große Ausdrucke aus der Nähe betrachtet, wird die Schärfentiefe immer als unzureichend empfinden.

Tipp:
Sollten die Autofokusmesspunkte nicht sofort in den wichtigen Motivbereichen liegen: Motivausschnitt leicht variieren, so dass die Messpunkte auf dem wichtigen Motivbereich liegen und den Autofokus-Messwertspeicher bemühen. Meist heißt das, den Auslöser halb herunterzudrücken.

Makro mit einem kuriosen Objektiv: Carl Zeiss Jena DDR Tessar 50mm 1:2,8., das man sehr günstig im Gebrauchtmarkt bekommt. Es zeigt, dass sogar alte Objektive aus den 60er Jahren durchaus digital nutzbar sind. Auffällig an der Aufnahme ist die angenehme Unschärfe im Vorder- und Hintergrund und der weiche Unschärfeübergang (diese Eigenschaft nennt man "Bokeh").

Motivprogramme

Ohne fotografische Zusammenhänge kennen zu müssen, gewährleisten die Motivprogramme der EOS bessere Resultate bei bestimmten Aufnahmesituationen als die normale Programmautomatik. Sind Ihnen die fotografischen Zusammenhänge aber bewusst, lassen sich auch die Motivprogramme gezielt mit den gestalterischen Vorteilen der Zeit- und Blendenautomatiken einsetzen.

Sport

In dieser Einstellung benutzt die EOS möglichst kurze Verschlusszeiten. Das geschieht durch die Verwendung der größtmöglichen Blendenöffnung. In der Praxis ist das meist die voll geöffnete Blende, sofern nicht in grellem Sonnenlicht fotografiert wird.

Sie können zum einen bewusst Bewegungen einfrieren oder maximale Verwacklungssicherheit erzielen – z.B. wenn Sie aus Autos, Bussen oder Booten heraus fotografieren – und arbeiten wie mit einer Blendenautomatik.

Zum anderen können Sie auch mit der am geringsten möglichen Schärfentiefe (selektiver Schärfe) fotografieren, um Ihr Hauptmotiv vom Hintergrund zu lösen, z.B. bei Portraits und stimmungsvollen Makroaufnahmen: Nun arbeiten Sie wie mit einer Zeitautomatik!

In der Sport-Automatik werden die Einstellungen für Serienbildaufnahmen und Autofokus-Nachführung (AI-Servo) automatisch aktiviert. Der Blitz ist ausgeschaltet.

Landschaftsaufnahme-Modus

Die Kamera arbeitet in einer Art Schnappschuss-Modus. Die Kamera wählt solange eine möglichst kleine Blende für Schärfentiefe „von vorne bis hinten", bis eine Verwacklungsgefahr besteht. Erst dann wird die Blende weiter geöffnet. Dadurch ist diese Einstellung bei typischen touristischen Motiven, ob Städteansichten oder Landschaftsfotos, optimal!

Der Autofokus wird hier automatisch auf One-Shot gesetzt, und der Einzelbildmodus gewählt. Der Blitz ist ausgeschaltet.

Portrait-Automatik

Die EOS 450D kann aber noch mehr: so bietet Ihnen die Kamera ein Motivprogramm für Portraitaufnahmen. Hier wird nicht für maximale Schärfentiefe gesorgt, sondern für eine schöne Trennung von Vorder- und Hintergrund. Die Kamera bleibt so lange wie möglich auf offener Blende, um Ihnen minimale Schärfentiefe anzubieten.
Auch alle anderen Kameraparameter werden automatisch optimal auf diesen Einsatzzweck eingestellt. Im Unterschied zur Sport-Automatik ist hier die Blitzautomatik aktiv.

Nahaufnahmeprogramm

Wie bei dem Landschaftsaufnahmeprogramm liegt hier die Priorität ganz klar auf größtmöglicher Schärfentiefe. Im Unterschied zum Landschaftsaufnahmeprogramm ist hierbei die Blitzautomatik weiterhin aktiv. Damit leistet das Programm also auch bei Makroaufnahmen im Dunkeln gute Dienste.

Wer eher duftige Makroaufnahmen mit geringer Schärfentiefe bevorzugt, ist mit der Zeitautomatik oder aber dem Porträtprogramm besser beraten.

Nachtportraitaufnahmen

Dieser Modus kombiniert Langzeitaufnahmen mit Blitzaufnahmen. Die Belichtung des Vordergrundes wird durch den Blitz, der ja extrem kurz belichtet, bestimmt. Hier ist die Lichtstimmung nun Blitzlicht typisch kühl, Details sind knackscharf zu erkennen.

Der Hintergrund wird durch die Langzeitbelichtung geprägt, er erscheint warm und stimmungsvoll. Als Ergebnis erhalten Sie interessant anmutende Fotos, die eine sehr authentische Atmosphäre mit einer künstlichen Atmosphäre verbinden. Normalerweise wä-

re die manuelle Ermittlung der korrekten Belichtungssteuerung hierbei sehr schwierig. Dieses Motivprogramm ist aber speziell für diese Belichtungssituation konzipiert worden, so dass das ausgeklügelte Messsystem Ihnen diese schwierige Aufgabe abnimmt.
Bis vor wenigen Jahren kamen nur erfahrene Profis mit einer derartigen Lichtsituation klar! Inzwischen sorgt die EOS für das erforderliche Belichtungs-Knowhow.

Da aber trotz Blitzlichteinsatz durch die lange Verschlusszeit auch die Personen im Vordergrund verwackelt, oder besser gesagt, mit einer Art Doppelkontur wiedergegeben werden können, sollten die Personen auch nach dem Blitz noch etwas stillhalten.

Tipp:
Verwenden Sie diese Einstellung z.B. beim nächsten Sightseeing in der Nacht oder beim nächsten Besuch einer Diskothek. Fotografieren Sie eine Person und bewegen Sie danach die Kamera wild in Richtung Lichtquellen hin und her. Ihr Portrait wird nun überlagert von Lichteffekten – sehr wirkungsvoll!

Bewusst eingesetzt sind die Motivautomatiken sehr vielseitig. Vor allem ergeben sich noch mehr Gestaltungsmöglichkeiten, wenn die Programme entgegen ihrem ursprünglichen Einsatzzweck genutzt werden, z.B. das Portraitprogramm in der Makrofotografie. Dennoch bieten die klassischen Zeit- und Blendenautomatiken mehr Gestaltungsmöglichkeiten und damit wesentlich mehr Platz für Nuancen und Fingerspitzengefühl bei interessanten Motiven aller Art.

Besondere Einstellungen

Das Menü der digitalen EOS 450D bietet eine Fülle an Möglichkeiten, die Bildwiedergabe der Kamera dem persönlichen Geschmack anzupassen. Hier gibt es über die Picture Styles Werkzeuge, um Bildschärfe, Farbwiedergabe und Kontrast zu beeinflussen. Sogar Schwarzweissaufnahmen kann man direkt erstellen.

FOTOGRAFIEREN

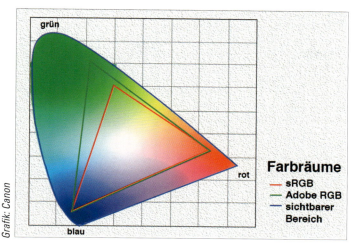

sRGB und Adobe RGB

In der digitalen Welt werden Farb- und Helligkeitsinformationen Werten zwischen 0 und 255 zugeordnet. Dabei wird noch nicht festgelegt, welcher Zahlenwert welcher Farbe tatsächlich entspricht! Damit die Bildbearbeitungssoftware, der Monitor und der Drucker später wissen, über welche Farbe gesprochen wird, wurden so genannte Farbräume definiert. Farbräume legen eindeutig fest, welcher Farbumfang dargestellt wird und wie ein digitaler Zahlenwert in eine Farbe innerhalb dieses Farbumfangs umgesetzt werden muss (mehr dazu im Kapitel Farbmanagement).

Sowohl der sRGB Farbraum als auch der Adobe RGB Farbraum decken nur einen Teil des sichtbaren Farbspektrums ab. Adobe RGB ist im Vergleich zu sRGB dennoch in der Lage, deutlich mehr Farbnuancen darzustellen.

sRGB

Alle digitalen EOS-Modelle arbeiten standardmäßig im sRGB Farbraum. Der Farbumfang des sRGB Farbraums ist zwar relativ klein, für die unproblematische Weiterverarbeitung sind Sie hier allerdings auf der sicheren Seite, da sRGB einen Quasi-Standard darstellt, auf den sich insbesondere die Windows-Welt geeinigt hat.

Die Einstellung auf den sRGB Farbraum ist für all diejenigen interessant und ausreichend, die sich nicht mit Farbmanagement herumschlagen möchten, die Bilder für das Web oder die Betrachtung am Monitor benötigen und die Bilder auch über Dienstleister ausdrucken lassen.

Auch wer über ältere Software und einen älteren Drucker die Bilder weiterverarbeitet, sollte in der sRGB Einstellung arbeiten, um Inkompatibilitäten zu vermeiden.

Adobe RGB

Außer der EOS D30 und D60 bieten alle EOS-Modelle auch die Möglichkeit, im Adobe RGB Farbraum zu arbeiten. Der Adobe RGB Farbraum kann mehr Farben darstellen als der sRGB Farbraum. Das klingt verlockend, aber man muss einige Dinge beachten! Bilder, die im Adobe RGB Modus aufgenommen wurden, wirken gerne etwas flau, da ein durchschnittliches Motiv den großen Farbumfang gar nicht ausnutzt. Dies macht eine Nachbearbeitung in den meisten Fällen erforderlich. Noch wichtiger: der ganze Arbeitsablauf, d.h. jede Softwarekomponente inklusive des Druckertreibers, muss auf das Arbeiten im Adobe RGB Modus konfiguriert sein! Wie das funktionieren kann, lesen Sie bitte im Kapitel Farbmanagement nach. Sollten die Einstellungen nicht korrekt durchgeführt worden sein, erhalten Sie als Resultat nur unkontrollierbare Bildergebnisse schlechter Qualität.
Die Adobe RGB Einstellung sollte nur dann gewählt werden, wenn Sie konsequent in diesem Farbraum arbeiten möchten und auch alle weiteren Arbeitsschritte auf den Adobe RGB Prozess abgestimmt sind. Wenn Sie sich hierbei nicht sicher sind, benutzen Sie besser den sRGB Farbraum.

Schärfe, Kontrast, Sättigung und Farbton

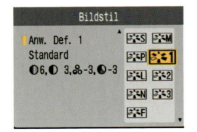

Ist das Bild durch den CMOS-Chip der EOS eingefangen, müssen die Bilddaten in der Kamera erst einmal aufbereitet und optimiert werden, damit Sie als Anwender ein möglichst optimales Endergebnis erhalten. Dabei werden hauptsächlich Farbwiedergabe, Kontrast und Bildschärfe optimiert.

Das machen alle digitalen Kameras so, manche besser, manche schlechter. Die digitalen Canon EOS Kameras wurden schon immer als die Digitalkameras lobend herausgestellt, die ihre Bilddaten intern sehr schonend und verlustarm optimieren.

Besonders einfach geht das bei der EOS 450D durch die Picture Style Funktion...

Der Schwarzweißmodus der EOS 450D macht es dem Fotografen leichter, an hervorragende Schwarzweißaufnahmen zu gelangen. Besonders die simulierten Filter machen Spaß: Hier wurde der Rotfilter genutzt, um durch höheren Kontrast den grafischen Charakter der Pflanze zu betonen.

FOTOGRAFIEREN

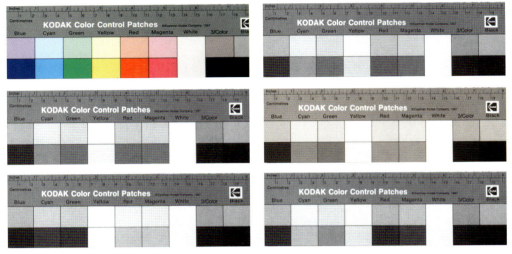

Von oben links nach unten rechts:
Standard: An der klassischen Kodak Farbtafel erkennt man gut die Umsetzung der Grundfarben in Graustufen.
Ohne Filter: Die Umsetzung ist homogen. Je nach Motiv kann diese Umsetzung aber auch "sehr grau" wirken, besonders bei Landschaftsaufnahmen.
Gelbfilter: Hellt Gelb auf, lässt Blau dunkler erscheinen.
Orangefilter: Dunkelt Grün und Blau ab, Rot und Gelb wird heller
Rotfilter: ähnelt dem Orangefilter, aber mit deutlich stärkerer Wirkung. Ideal für dramatische Wolkenstimmungen und Landschaften.
Grünfilter: Hellt Grün auf, dunkelt Rot und Orange deutlich ab. Sorgt für besser differenzierte Laubtöne, bei Portraits für Urlaubsbräune.

An diesem Motiv wird praktisch deutlich, welchen starken Einfluss die Farbfilter auf die Graustufenumsetzung haben. In der Mitte mit Rotfilter fotografiert, ergibt eine helle, strahlende Blüte. Rechts mit Grünfilter wird das Blattgrün heller, die rosa Tulpe wird im Gegensatz zur Rotfilteraufnahme sehr kontrastreich wiedergegeben.

Picture Styles

Mit der EOS 5D und der EOS-1D Mark IIN führte Canon Ende 2005 die Picture Style Funktion ein. Diese Funktion steht natürlich auch in der neuen EOS 450D zur Verfügung. Dadurch ist es möglich, die EOS 450D nicht nur dem eigenen Geschmack, sondern auch früheren EOS-Modellen anzupassen und umgekehrt. Im Menü der Picture Styles schlummert nun auch die beliebte Schwarzweißfunktion.

Früher konnte man bei den unterschiedlichen Canon EOS-Modellen feststellen, dass die Bildergebnisse in den Standardeinstellungen nur schwer zu vergleichen waren. EOS 300D bis EOS 450D arbeiten knackig, die EOS 10D eher zurückhaltend, die EOS 20D liegt irgendwo dazwischen.

Über Parameter- und Farbmatrix-Einstellungen ließen sich die Kameras auf eine ähnliche oder vergleichbare Bildanmutung einstellen, aber das war im Vergleich zu den Picture Styles kompliziert und weniger intuitiv.

Digitale Filmwahl

Picture Styles sind noch am ehesten vergleichbar mit der Wahl verschiedener Filmsorten. In der filmbasierten Fotografie wählt man weichere Filmsorten mit schöner Hautwiedergabe für Portraits, für Landschaftsfotografie hingegen bevorzugt man Filme mit knackiger Blau- und Grünwiedergabe. Dieser Philosophie folgt auch die Picture Style Funktion.

Das Picture Style (Bildstil) Menü bietet dem Fotografen sechs verschiedene Grundeinstellungen und drei weitere Speicherplätze für individuelle Einstellungen. Die einzelnen Abstimmungen sind wie folgt:

Standard

Diese Einstellung arbeitet mit einer recht hohen Farbsättigung und druckfähigen Schärfung der Bilder. Sie ist ideal, wenn ohne große Nachbearbeitung Bilder gedruckt oder präsentiert werden sollen. Sicher ist das die richtige Einstellung für die meisten Motive, wenn nicht generell viel an den Bildern nachbearbeitet werden soll.

FOTOGRAFIEREN

Oben: Links mit Standard-Style, rechts mit Picture Style "Nostalgia" von der BeBit-Homepage.
Unten: Rechts im Standard-Modus, Links gefälliger mit Picture Style "Porträt".

FOTOGRAFIEREN

Dramatische Landschaften in Schwarzweiß wirken am besten mit zugeschaltetem Rotfilter.

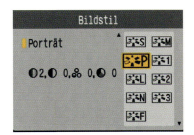

Portrait

Hier werden besonders die Hautfarbtöne freundlich wiedergegeben, was sicherlich für die Portrait- und Partyfotografie ein wichtiges Kriterium sein wird, denn eine neutrale Wiedergabe wird von den Portraitierten meist gar nicht gewünscht, im Gegenteil: Die Haut soll „gesund" und erholt ausschauen, was meistens der fotografierten Realität gar nicht entspricht. Hautrötungen und ähnliche Makel sollen dabei möglichst nicht zu sehen sein.

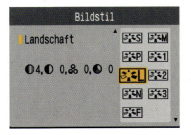

Landschaft

Die Voreinstellung für Landschaft sorgt für kräftige Blau- und Grünfarbtöne, wie sie in der klassischen Landschafts-(Dia)-Fotografie gerne gesehen werden. Das wird besonders die Reise- und Urlaubsfotografen freuen, denn die Bilder kommen nun automatisch und ohne nachträglichen Aufwand mit knackigen und lebendigen Farben daher.

85

Links: Die Standard-Einstellung wirkt knackig, es fehlt aber bei Grün und Blau der letzte Biss.
Rechts: Der Landschafts-Style hebt die Farbsättigung von Grün und Blau an.

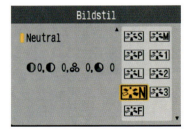

Neutral

Diese Einstellung ist mit der Grundeinstellung der bisherigen EOS-1D-Serie am ehesten zu vergleichen: Geringste Nachschärfung der Bilddaten, und eine weiche, neutrale Farbwiedergabe, die wie die ersten drei Picture Styles auf der filmtypischen gedächtnisorientierten Farbabstimmung beruht. Für Fotografen, die ihr Bildmaterial individuell nachbearbeiten möchten, ist dies der richtige Preset.

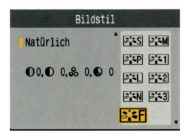

Natürlich

Sollen Farben besonders exakt wiedergegeben werden - z.B. Produktfarben in der Werbefotografie - so sollte diese Voreinstellung gewählt werden, denn sie arbeitet fotometrisch bzw. messtechnisch am exaktesten. Wichtig: Hierbei sollte aber bedacht werden, dass es sich um eine messtechnisch exakte Farbwiedergabe handelt, die nicht unbedingt fotografisch als „schön" oder „richtig" empfunden wird.

Besonders Hauttöne werden als unschön und zu rötlich empfunden. Ist eine angenehme Farbwiedergabe gewünscht, wie man

sie aus der analogen Fotografie kennt, sind die anderen Presets, z.B. „Standard" oder „Neutral" wesentlich besser geeignet.

Schwarzweiß

Der bei der EOS 20D und der EOS 350D erstmals eingeführte Schwarzweißmodus ist mit all seinen Filter- und Tonungsfunktionen ebenfalls Bestandteil der Picture Styles in der 450D.

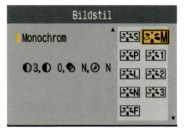

Innerhalb der 6 Grundabstimmungen lassen sich weiterhin Farbton, Sättigung, Kontrast und Schärfe über einen vergrößerten Regelbereich individuell konfigurieren, wobei das Picture Style Menü für die Schärfe bereits einen Vorschlag parat hat.

Die drei freien Speicherplätze basieren frei wählbar auf einem der sechs vorhandenen Picture Styles, die dann modifiziert und gespeichert werden können. Oder man speichert hier neue, über Canon Web-Seiten geladene Picture Styles dort ab (siehe weiter unten).

Insgesamt ergeben sich dadurch etwa 48.000 mögliche individuelle Einstellungen. Sicherlich macht es keinen Sinn, dutzende unterschiedliche Einstellungen zu nutzen. Aber es zeigt, dass die neue Funktion das Potenzial bietet, das Kameraverhalten dem persönlichen Geschmack und der Arbeitsweise individuell anzupassen. Wichtig: Selbst wenn die Parameter zu Farbton, Sättigung, Schärfe und Kontrast manuell verändert werden, unterscheiden sich die sechs Grundeinstellungen der Picture Styles voneinander.

RAW-Modus und alte EOS-Modelle

Hervorzuheben ist noch, dass über die Software Digital Photo Professional (DPP) die Picture Styles bei RAW-Bilddaten auch nachträglich zugewiesen werden können. Der Clou: Das gilt nicht nur für die beiden besprochenen Modelle, sondern für alle Modelle. Damit steht nicht nur Anwendern früherer Kameras diese Funktion nachträglich zur Verfügung (über einen kostenlosen Download), sondern Aufnahmen neuerer Modelle können mit RAW-Aufnahmen von älteren Modellen nun auch einfacher „gemixt" werden, da man die Anmutung der Bilder vereinheitlichen kann.

*Links: Der Standard-Modus wirkt gefällig und natürlich zugleich.
Rechts: die Neutral-Einstellung lässt Raum für die Nachbearbeitung.*

Mehr Picture Styles im Download

Sehr spannend ist die Möglichkeit, sich über Canon Internetseiten zusätzliche Picture Styles zu laden. Diese können dann entweder direkt in die Kamera überspielt werden, wo sie dann die Aufnahmemöglichkeiten direkt erweitern. Oder man nutzt sie über die DPP Software (ab Version 2.0), um nachträglich auf RAW-Bildern die neuen Picture Styles anzuwenden. Das funktioniert auch mit älteren Kameramodellen. Dabei ist es unwichtig, zu welchem Kameramodell die Picture Styles aus dem Internet geladen werden. So lassen sich Picture Styles zur EOS 450D auch auf eine EOS 10D oder EOS 300D über DPP anwenden.

Die Picture Style Downloads gibt es unter http://web.canon.jp/imaging/ picturestyle/index.html

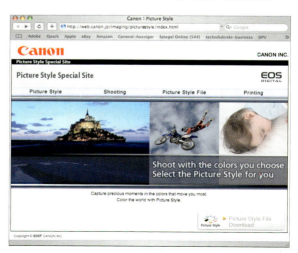

Im Landschaft-Style fotografiert wirken Pflanzenmotive lebendig und sind ohne weitere Bearbeitung druckbar.

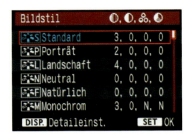

Individuelle Einstellung der Picture Styles

Mit den Picture Styles sind Sie aber nicht auf ein paar von Canon vorgegebenen Einstellungen beschränkt. Schärfe, Sättigung Kontrast und Farbton lassen sich in umfangreichem Maße individuell beeinflussen.

Alle Picture Styles, bzw. Bildstile haben die zu ihnen passende Grundeinstellung. So ist beispielsweise der in der EOS 450D voreingestellte Schärfewert im Bildstil „Standard" ein höherer als in der Einstellung „Neutral"! Das widerspiegelt die unterschiedlichen Anforderungen an die Bilddaten, die der Anwender durch die Wahl des Bildstils auch erwarten wird.

Schon erwähnt, aber wichtig: Selbst wenn man die manuellen Einstellungen für alle Bildstile identisch wählt, werden Sie unterschiedliche Ergebnisse erzielen, denn alle Bildstile haben ihre eigene Charakteristik und behalten diese auch bei manueller Änderung der vier Parameter Schärfe, Kontrast, Sättigung und Farbton bei!

Manuelle Einstellung der Schärfe

Möchten Sie die Bilder möglichst wenig am PC nachbearbeiten oder lassen Sie die Bilder über Bilderservices oder Fotogeschäfte ausbelichten, so ist ein Schärfe-Wert im mittleren positiven Bereich sicherlich optimal und komfortabel - daher ist im Standard Picture Style der Wert auch bereits von Canon so gesetzt worden.

Möchten Sie selber Hand anlegen, so holen Sie das letzte Quäntchen an Qualitäts-Potenzial mit der Einstellung im Minus-Bereich (niedrige Nachschärfung) heraus. Allerdings müssen Sie die Bilder nun am PC optimieren, und zwar mit der Funktion „Unscharf Maskieren" Ihrer Bildbearbeitungssoftware. Denn so gut die Nachschärfung im Standard-Bildstil der EOS auch ist, sie wendet eine erfahrungsgemäß gute Einstellung auf alle Motive gleichermaßen an.

Motive mit sehr feinen Strukturen (z.B. Blätter) werden aber möglicherweise schon zu stark geschärft! Flächige Motive mit eher

geringen Strukturen erlauben stärkeres Nachschärfen.
Sie haben so die Möglichkeit Ihre Bilder in der nachträglichen Bildbearbeitung individuell, und damit auf das jeweilige Motiv optimiert, zu schärfen! Da das allerdings ein Weg ist, der auch etwas Erfahrung im Umgang mit der Unscharfmaskierung erfordert, sollte der Einsatz der Schärfungsfunktion der EOS 450D wohlüberlegt sein.

Machen Sie zum Üben mit der EOS ein Foto mit unterschiedlichen Schärfe-Einstellungen, um ein Gefühl dafür zu bekommen. Anschließend bearbeiten Sie das Bild mit geringer Schärfung so lange, bis das Ergebnis besser ist als das Bild, das mit der Standard-Einstellung fotografiert wurde. Mit etwas Geduld werden Sie hervorragende Ergebnisse erzielen - es lohnt sich.
In einem späteren Kapitel werde ich auf den Umgang mit der Unscharfmaskierung noch detailliert eingehen.

Mit der individuellen Einstellung der Schärfe haben Sie die Möglichkeit, Ihre EOS optimal auf Ihr Motiv und die Ausgabeart abzustimmen! Mit etwas Erfahrung steigern Sie dadurch nochmals die Qualität Ihrer Bildergebnisse.

Manuelle Kontrasteinstellung

Auch der Bildkontrast lässt sich bei den EOS-Modellen manuell einstellen. Sie können neben der Standardeinstellung auch einen höheren oder niedrigeren Aufnahmekontrast wählen.
Für optimale Ergebnisse auch unter schwierigen Lichtverhältnissen ist diese Einstellung sehr wichtig! Ist Ihr Motiv z.B. kontrastarm und arbeiten Sie in der Standardeinstellung, so verschenken Sie Bildqualität und Bildinformation, denn die EOS kann nun nicht die volle Dynamik und Farbtiefe ihrer Datenaufzeichnung nutzen!

Stellen Sie bei kontrastarmen Motiven die Kamera auf „Plus"-Kontrast, um den Kontrastmangel auszugleichen! Ist Ihr Motiv sehr kontrastreich, so kann die EOS 450D in der Standardeinstellung möglicherweise sehr helle und dunkle Bildpartien nicht korrekt erfassen. Sie erhalten einen ähnlichen Effekt, wenn Sie von sehr kontrastreichen Dias (Gegenlicht oder Sonnenuntergänge) Abzüge anfertigen lassen: die hellen Partien haben keine Detailzeichnung mehr, die dunklen Partien saufen ab und zeigen ebenfalls zu wenig Bilddetails! Wichtige Bildinformationen gehen unwiederbringlich verloren.

Stellen Sie bei sehr kontrastreichen Motiven die EOS auf Kontrast-Werte im Minus-Bereich, damit die Kamera weicher arbeitet und damit einen höheren Motivkontrast verarbeiten kann.

Sollten Sie sich anfangs nicht sicher sein, ob sich eine Veränderung der Kontrasteinstellung lohnt, so machen Sie einfach von Ihrem Motiv mehrere Aufnahmen mit unterschiedlicher Einstellung. So bekommen Sie ein Gefühl für die Kontrasteinstellung.

Bei der oberen Aufnahme wurden Farbsättigung, Kontrast und Schärfe auf das Minimum gesenkt, die untere Aufnahme zeigt das Bild mit den Einstellungen auf die maximalen Werte. Deutlich sichtbar ist der Spielraum, den man durch diese Einflussmöglichkeiten in der Bildwirkung bekommt.

Sie sollten aber die Bilder noch nicht am Ort der Aufnahme begutachten und ggf. löschen, da der LCD-Monitor nicht den vollen Kontrast wiedergeben kann. Werten Sie die Bilder erst am heimischen PC unter den Ihnen vertrauten Umgebungsbedingungen aus oder nutzen Sie vor Ort das Histogramm zur Bildkontrolle!

Manuelle Sättigungseinstellung

Ein interessantes Feature ist die manuelle Einstellung der Farbsättigung. Damit haben Sie ein weiteres Werkzeug in der Hand, die Kamera individuell auf das Motiv oder Ihren Geschmack abzustimmen. Anfangs hat man sicherlich die Tendenz, die Sättigung auf „+"-Werte einzustellen.
Doch Vorsicht: Man neigt dazu, eine zu starke Sättigung zu wählen. Zuerst wirken die Bilder knackig und farbenprächtig, nach geraumer Zeit hat man aber schnell den Eindruck, dass die Bilder zu bunt sind. Wenn Sie die Einstellung der Sättigung ändern möchten, so sollten Sie die Bildwirkung und Farben nach gewisser Zeit nochmals genau betrachten. Oft ist hier weniger mehr.

Manuelle Farbtoneinstellung

In der EOS 450D kann auch direkt in diesem Menü das Farbtonverhalten bei Hauttönen eingestellt werden. Minus-Werte bringen die Hauttonwiedergabe etwas mehr ins Rötliche, Plus-Werte etwas mehr ins Gelbliche. Über diese Funktion kann die Kamera noch etwas mehr auf den persönlichen Geschmack eingestellt werden!

Wenn Sie das erste Mal den Portrait-Bildstil nutzen, werden Ihnen die Ergebnisse möglicherweise zu rötlich erscheinen. Um den nordeuropäischen Geschmack zu treffen, sollte der Farbtonregler auf „+2" gesetzt werden - der Hautfarbton wird dadurch gelber und wirkt nun angenehm „gesund". Je nach Geschmack können auch die Werte „+1" und „+3" in Frage kommen.

Durch die Einflussmöglichkeiten auf Schärfe, Kontrast, Sättigung, Farbton und Empfindlichkeit kaufen Sie bei der EOS gleich einen ganzen Sack voller Filme mit und eigentlich noch viel mehr - denn Sie können die Einstellungen von Bild zu Bild ändern. Bei klassischen Filmen geht das nicht!

Schwarzweißmodus

Die EOS 450D bietet darüber hinaus die Möglichkeit, Schwarzweißaufnahmen direkt zu erzeugen. Das ist bequem und einfacher als die Softwaremethode, und die Ergebnisse enttäuschen auch hohe Erwartungen nicht.

Als besonderes Schmankerl können die wichtigsten Schwarzweißfilter simuliert werden. Für die Architektur und Landschaftsfotografie bei blauem Himmel sollte der Orange- oder Rotfilter eingesetzt werden: das Blau des Himmels kontrastiert dadurch stärker mit den restlichen Farben, die Dramatik steigt.

Bei Portraits ist der Grünfilter nützlich, da auf diesem Weg der Hautton etwas dunkler wird und das Modell gebräunter wirkt. Im RAW-Modus kann der S/W-Effekt im Nachhinein ausprobiert und bestimmt werden.

Auch Tonungseffekte werden angeboten. Wer einen nostalgischen Effekt erzielen möchte, sollte zur Sepia-Tonung greifen. Moderne Architektur wirkt durch die Blautonung noch kühler und sachlicher.

Picture Style Editor

Über den neuen Picture Style Editor lassen sich eigene Bildstile kreieren. Sie finden das Programm im EOS Utility und als eigenständiges Programm auf Ihrer Festplatte. Zuerst zieht man ein "Master"-Foto als RAW-Datei auf das Editierfenster vom Picture Style Editor. Durch einfaches Anwählen einer Farbe über Pipette kann der Frabbereich nun flexibel über Farbton, Sättigung und Helligkeit verändert werden. So lassen sich zum Beispiel individuelle Gesichtsfarbtöne oder aber auch Effekte a'la Crossentwicklung erzeugen. Einfach mal ausprobieren!

Serienaufnahmen

Gerade die digitale Fotografie erlaubt es, durch die Löschbarkeit der Bilder geradezu verschwenderisch viele Fotos zu machen. Ob das Bild gelungen ist, wird nach der Aufnahme geprüft. Falls das Bild nicht gefällt, kann es einfach gelöscht werden!

Oft ist der schnelle Nach- oder Zweitschuss die bessere Aufnahme. Doch wie oft wird in der konventionellen Fotografie auf den Nachschuss verzichtet, um Filmmaterial zu sparen.

Glücklicherweise arbeitet die interne Signalverarbeitung der EOS so schnell, dass Sie Serienaufnahmen mit bis zu 3,5 Bildern pro Sekunde mit - im ungünstigen Fall bis zu 53 Bildern in Folge bei JPEG Bildern - erzielen können. Wie oft ist z.B. das Portrait-Modell nach der eigentlichen Aufnahme viel entspannter. Der schnelle Nachschuss fängt das ein! Auch bei spielenden Kindern, herumtollenden Hunden oder bei Bühnenaufnahmen ist der Einsatz der Serienbildfunktion eine echte Bereicherung.

3,5 Bilder pro Sekunde sind ein völlig ausreichendes Niveau in der Sportfotografie. So entgeht Ihnen keine Bewegung - allerdings sollten Sie auf genügend Speicherkapazität achten - auch eine 2 GB große Speicherkarte ist recht schnell voll. Hier sollten Sie nicht zu sparsam sein.

Sie können durch die Serienbildfunktion auch Bewegungssequenzen einfangen und dann die Bilder z.B. als Sequenz drucken oder ausbelichten lassen.

Die digitalen Daten der EOS 450D erlauben aber noch viel mehr: Am Computer können Sie die Bilder als „animiertes Gif"-Dateiformat zu einem Minifilmchen zusammenfügen – Sie können damit ein digitales Daumenkino erschaffen! Auch lassen sich die Bilder als digitale Diaschau darstellen, z.B. mit dem Canon Zoom-Browser EX. Wenn Sie die Bildfolgezeit in diesen Programmen sehr kurz halten, erhalten Sie auch so einen Film- bzw. Daumenkinoeindruck. Viel Spaß beim Experimentieren!

Tipp:
Digitale Fotografie ist wesentlich spontaner als die konventionelle: Zum einen, weil Sie das Ergebnis überprüfen können, zum anderen weil Sie durch die Löschbarkeit der Daten keinen Materialeinsatz mehr haben. Nutzen Sie diesen Umstand! Stellen Sie standardmäßig die Kamera auf Serien-aufnahmen ein und lassen Sie den Finger bei Personenauf-nahmen einfach mal etwas länger auf dem Auslöser. Die Bilder werden deutlich an Spontaneität und Spaß gewinnen!

Custom-Funktionen (Individualfunktion)

Die EOS 450D ermöglicht eine individuelle Konfigurierung über die benutzerdefinierter Funktionen, auch Custom-Funktionen (C-Fn.) genannt. Es ist sicherlich kein Muss, diese Funktionen zu nutzen. In manchen Situationen helfen sie aber, die Kamera schneller bedienbar zu machen oder sie einer besonderen Aufnahmesituation anzupassen. Ich möchte Ihnen einige dieser Funktionen und deren Anwendung kurz näher bringen:

Gruppe I, Nr 1: Einstellstufen
Hier werden die Einstellstufen für Zeit- und Blendenwerte definiert. Grundsätzlich kann ich hier die 1/3-Stufen-Einstellung empfehlen, da bei manueller Belichtungsabstimmung und kontrastreichen Motiven erst die nötige Feineinstellung erreicht wird.

Gruppe I, Nr 2: Blitzsynchronzeit im Av-Modus
Grundsätzlich kann ich empfehlen, diese Custom-Funktion ebenfalls auf „1" zu setzen, damit die EOS immer mit der 1/250s Verschlusszeit blitzt. Das macht das Blitzergebnis kalkulierbarer und vermeidet Geisterbilder. Wer die Blitzsynchronisationszeiten kreativ nutzen möchte, z.B. um das Umgebungslicht stärker mit in die Belichtung einzubeziehen, sollte sowieso besser mit der Blendenautomatik Tv oder voll manuell im M-Modus arbeiten.

Gruppe II, Nr 3: Rauschreduzierung bei Langzeitbelichtung
Sollte auf automatisch eingestellt sein, denn die Rauschreduzierung wird erst ab 1,5 Sekunden Belichtungszeit aktiv. Nachteile entstehen keine. Im technisch-wissenschaftlichen Bereich würde ich sie ausgeschaltet lassen.

Fotografieren

Gruppe II, Nr 4: High-ISO Rauschreduzierung
Reduziert das Rauschen bei hohen Empfindlichkeiten, reduziert und verlangsamt aber die Aufnahmefolge erheblich. Besser: Die Bilder nachträglich in DPP rauschreduzieren, am besten als RAW-Datei. So vermeidet man die Verlangsamung der Kamera und kann die Bildergebnisse viel besser kontrollieren.

Gruppe II, Nr 5: Tonwert-Priorität
Bringt in den Lichterpartien eine knappe Blende mehr Zeichnung. Ideal bei weißer Kleidung, Wolken und anderen Gegenständen. Allerdings verlieren Sie den ISO 100 Wert. Für Reisen in sonnige Gebiete, Winterurlaub und Hochzeiten die ideale Einstellung. Diese Funktion kann man nicht nachträglich bei RAW-Dateien setzen oder löschen. Daher mein Tipp: Packen Sie sich diese Funktion in das My Menu - dan haben Sie immer schnellen Zugriff.

Gruppe II, Nr 6: Automat. Belichtungsoptimierung
Sorgt bei Gegenlicht und hohen Kontrasten für einen automatischen Ausgleich im Bild. Die Schatten erscheinen heller, sehr helle Partien etwas dunkler. Dadurch verringert sich die Gefahr, dass Bilder unter kritischen Lichtbedingungen unbrauchbar werden. Die Funktion ist standardmäßig zugeschaltet, lässt sch aber abschalten, wenn Sie die volle Belichtungskontrolle haben möchten.

Gruppe III, Nr 7: AF-Hilfslicht-Aussendung
Hier entscheiden Sie, ob ein Autofokus-Hilfslicht ausgesendet werden soll, wenn der AF nicht genügend Licht hat, um selber scharfzustellen. In der Regel, besonders bei Feiern, sollte das Hilfslicht eingeschaltet bleiben. In Situationen, in denen unbemerkt die Aufnahme vorbereitet werden soll, kann ein Deaktivieren Sinn machen. Wirklich unauffällig sind Sie aber eh nicht, da spätestens beim Abfeuern des Blitzes jeder weiß, dass eine Aufnahme gemacht wurde.

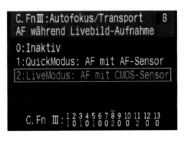

Gruppe III, Nr 8: AF während Livebild-Aufnahme
Diese Funktion sorgt dafür, dass der Autofokus beim Livebild über die Sternchen-Taste aktiviert werden kann. Kurioserweise ist diese Funktion standardmäßig abgeschaltet. Also, wer den Autofokus nutzen möchte, muss die Funktion erst aktivieren.

Gruppe III, Nr 9: Spiegelverriegelung

Wer mit langen Telebrennweiten arbeitet oder gerne Makroaufnahmen macht, arbeitet häufig mit einem Stativ. In kritischen Situationen kann es aber durch den klappenden Spiegel der EOS zu leichten Vibrationen kommen, die zu leichten Verwacklungsunschärfen führen. Die Spiegelvorauslösung, die über die Individualfunktion Gruppe III Nr. 9 aktiviert werden kann, verhindert dies auf effektive Weise. Beim ersten Auslösen klappt hier der Spiegel hoch, erst beim zweiten Drücken des Auslösers - besser des Kabelauslösers RS-60E3 - belichtet die EOS 450D das Bild.

Gruppe IV, Nr 10: Auslöser/AE-Speicherung

Bei dieser Custom-Funktion sollten Sie mit der Kamera in den unterschiedlichen Einstellungen etwas herumprobieren, denn ob eine Umbelegung der AF-Aktivierung Sinn macht, hängt sehr stark von der persönlichen Arbeitsweise ab. Viele Profis arbeiten bei Konzertaufnahmen oder in der Sportfotografie mit der Position „1", die den Autofokus über die Sternchen-Taste steuert. Die Belichtungsspeicherung wird in dieser Einstellung durch den halb gedrückten Auslöser erledigt.

Gruppe IV, Nr 11: SET-Taste bei Aufnahme

Bei der EOS 450D hat die SET-Taste im Aufnahmebetrieb die Aufgabe, direkt einige Funktionen anwählen zu können. Am meisten Sinn macht es meines Erachtens standardmäßig die Qualitäts-Einstellung auf die Set-Taste zu legen, denn so kann man blitzschnell beispielsweise den RAW-Modus aktivieren oder deaktivieren. Wer viel blitzt, sollte sich die Blitzbelichtungskorrektur auswählen. Die anderen Optionen nutzt man in der Regel selten oder aber es gibt für Sie bereits eine eigene Taste.

Achtung: Ist Live View aktiviert, spielt diese Konfiguration keine Rolle!

Gruppe IV, Nr 12: LCD-Display bei Kamera Ein

Diese Funktion kann Strom sparen helfen. Wählen Sie "Aus-Status beibehalten" und schalten Sie über die Display-Taste das Display aus. Wenn die Kamera nun in den Ruhe-Modus geht oder Sie die Kamera ausschalten, bleibt das Display beim nächsten Anschalten der Kamera weiterhin ausgeschaltet. Normalerweise wird das Display automatisch aktiviert.

FOTOGRAFIEREN

Die Mehrfeldmessung kommt sogar mit schwierigen Schneemotiven auf Anhieb klar.

Gruppe IV, Nr 13: Originaldaten hinzufügen

Diese Funktion betrifft alle, die mit dem Original Data Security Kit arbeiten. Denn hier muss die Kamera erst einmal die Sicherheitsdaten zusammen mit den Bilddaten aufzeichnen. Wer nicht mit dem OSK-E2 arbeitet, kann die Funktion beruhigt ausgeschaltet lassen. einen Einfluss auf die EXIF-Daten hat diese Funktion nämlich nicht.

Oft werden die Custom-Funktionen erst interessant, wenn Sie sich ein Weilchen an Ihre EOS gewöhnt haben. Nehmen Sie einfach ab und an die Bedienungsanleitung zur Hand und klären Sie für sich erneut ab, ob die eine oder andere der vielen Einstellungen für Sie interessant geworden ist.

Je nach Motivschwerpunkt macht es ebenfalls Sinn, noch einmal einen Blick auf die Custom Funktionen zu werfen. Denn im Prinzip sind die Funktionen ja dazu gedacht, dass die Kamera sich Ihnen anpasst und Sie sich eben nicht an die Kamera anpassen müssen.

Schönes Beispiel für selektive Schärfe:
Nur durch eine große Blende kann sich der Vordergrund
von dem unruhigen Hintergrund lösen.

Feinste Helligkeitsabstufungen ohne großen Detailreichtum sind die Stärken der EOS 450D, auch bei hohen ISO-Werten.

Das EF-Objektivsystem

Im März 1987 wurde der Startschuss zum neuen EOS-System mit EF-Bajonett gegeben. Canon brach komplett mit der Tradition des FD-Bajonetts, was anfangs zu erheblichem Ärger und Verdruss auf der Seite der langjährigen FD-Bajonett-Anhänger führte. Umso mehr schmerzte es, da die beiden Systeme vollständig inkompatibel zueinander waren. Was anfangs wie ein Vorteil für Nikon und Pentax aussah, entpuppte sich aber im Laufe der Jahre als genialer Schachzug! Denn nur so konnte Canon den Grundstein für ein langlebiges, kompatibles und digitaltaugliches System legen.

Dieser radikale Schnitt führte dazu, dass wirklich alle Objektive des Systems mit allen Kameras des Systems – egal wie alt – ohne nennenswerte Funktionseinschränkungen kompatibel sind. Ein Indiz dafür sind auch die zum Teil sehr hohen Preise für gebrauchte Objektive aus den späten 80er Jahren.

Vollelektronische Signalübertragung, elektromagnetische Blende, Autofokusmotor im Objektiv und ein sehr großer Bajonettdurchmesser sind die Gründe für den Erfolg des Systems. Die folgenden Kapitel geben einen kleinen Überblick über die Canon-typischen Technologien.

Das Wissen um diese Technologien ist eine große Hilfe, wenn es darum geht, die Leistung und die Ausstattung der Objektive einzuschätzen. Canon hat beispielsweise zehn (!) Zoomobjektive im EF-System, die den Brennweitenbereich von 70-200mm und 70-

300mm abdecken. Der Einsatz verschiedener Canon-Technologien ist hier verantwortlich für die teils immensen Unterschiede in Preis, Leistung und Ausstattung.

EF-Bajonett

Foto: Canon

Zwei Dinge sind besonders auffällig beim EF-Bajonett (EF steht für „Electro Focus"). Zum einen ist es der große Durchmesser. Für die Konstrukteure hat dies zwei große Vorteile: Hochlichtstarke Konstruktionen und eine große Austrittspupille (die rückwärtige wirksame Öffnung) werden machbar. Die große Austrittspupille ist dafür mitverantwortlich, dass die Lichtstrahlen halbwegs senkrecht auf den Film bzw. Chip auftreffen. Die Praxis bestätigt das, denn auch recht alte EF-Objektive machen an den digitalen EOS-Modellen eine gute Figur. Älteres Objektiv-Equipment lässt sich so auch weiterhin nutzen.

Der zweite Vorteil des EF-Bajonetts ist die vollelektronische Signalübertragung. Zum einen werden auf diesem Weg viele Daten zur Blenden- und Autofokussteuerung sicher übertragen. Zum anderen ragt kein mechanisches Bauteil über das Bajonett hinaus – mechanische Beschädigungen sind dadurch wesentlich seltener geworden.

EMD – elektromechanische Blende

Die Idee der elektromechanischen Blendensteuerung steht in direktem Zusammenhang mit der Konstruktion des EF-Bajonetts. Auch sie verknüpft mehrere Vorteile miteinander. Eine elektronische Blende ist verschleißärmer und weniger schadensanfällig als die mechanische Variante, da viele mechanische Elemente, z.B. Übertragungshebel wegfallen. Auch kann mit realen Blendenwerten gearbeitet werden, d.h.: selbst bei Zooms mit gleitender Lichtstärke bleibt der manuell gewählte Blendenwert beim Zoomen konstant, beim Einsatz von Konvertern wird der reale Blendenwert angezeigt, die Abblendtaste kann in jedem Programm genutzt werden, und selbst TS-E Objektive besitzen eine vollautomatische Blende.

Ein weiterer, entscheidender Vorteil: Der Verzicht auf eine mechanische Blendenübertragung ermöglicht den Objektivkonstrukteuren eine flexiblere Positionierung der Blende im Objektiv und dadurch mehr konstruktiven Spielraum. Viele Zoomobjektive haben zum Beispiel die Blende im vorderen Teil des Objektives – eine Konstruktion, die konventionell nahezu unmöglich ist. Dadurch unterscheiden sich die originalen Canon Objektive auch von den Fremdanbietern. Da die Fremdanbieter auch mit anderen Herstellern kompatibel sein müssen, verfügen deren Objektive natürlich auch für den Canon-Anschluss über eine elektromechanische Blende, die aber in deren Konstruktionen für alle Kamera-Anschlüsse passend platziert sein muss. Das gleiche gilt auch für die Austrittspupille, da ja auch Bajonette mit kleineren Durchmessern berücksichtigt werden müssen.

In der Schnittzeichnung des EF 28-90mm sind AFD-Motor und Getriebe gut zu erkennen. Dieser AF-Motortyp wird eingesetzt, um die Objektive möglichst preiswert anbieten zu können.

Grafiken: Canon

AFD Autofokusmotor

Einige preiswerte Zooms, aber auch einige durchaus hochwertige Festbrennweiten, arbeiten mit einem konventionellen Bogenmotor (AFD = Arc Form Drive) und einem Getriebe zur AF-Steuerung. Im Vergleich zu seinen USM-Kollegen ist er preiswerter, aber etwas langsamer und nicht so geräuscharm. Bei diesem Motortyp muss zur manuellen Scharfeinstellung am Objektiv der Autofokus abgeschaltet werden. Einige Objektive, wie das 1,8/50mm und das 75-300mm Zoom, besitzen einen Mikromotor, dessen Eigenschaften in der Praxis mit einem AFD zu vergleichen sind.

USM Autofokusmotor

USM steht in der Canon-Welt für Ultraschall-Motor (Ultra Sonic Motor). Dieser Motortyp arbeitet nicht mit Ultraschall als Antrieb, sondern mit Piezo-Technik. Diese arbeitet derart hochfrequent, nämlich im Ultraschallbereich, dass man die Motorgeräusche nicht mehr hören kann.

Das Einzige, was man noch wahrnimmt, sind eventuelle Getriebe- oder Reibungsgeräusche. Neben seiner Lautlosigkeit besitzt der USM-Motor ein sehr hohes Drehmoment und ein sehr gutes Start/Stopp-Verhalten. Dadurch ist er sehr schnell und eignet sich auch für die Bewegung schwerer Linsengruppen.

Schon im Oktober 1987 stellte Canon erstmals ein Objektiv mit USM-Motor vor: das EF 300mm 1:2,8L USM. Es war ein deutlicher Leistungsbeweis der USM-Technologie und stellte damals in punkto AF-Geschwindigkeit alles Bekannte in den Schatten. Auch bestätigte es die Philosophie Canons, den Autofokusmotor in das Objektiv zu verlagern. So kann die Leistung des AF-Motors präzise auf das Objektiv abgestimmt werden.

Bei Canon gibt es zwei verschiedene USM-Typen. Bei den Objektiven der L-Serie und vielen weiteren Objektiven wird ein Ring-USM eingesetzt. Ein Ring-USM umschließt die optische Konstruktion und setzt seine Bewegung direkt auf die Fokussierung um. Durch einen Reibrad-Mechanismus kann jederzeit die Autofokussteuerung manuell umgangen werden (Ausnahme: EF 85mm 1:1,2L USM und ein paar nicht mehr lieferbare Vertreter). Das ist ausgesprochen praktisch, schnell und komfortabel, da ein Umschalten zwischen AF und manueller Fokussierung in den meisten Fällen gar nicht nötig ist.
Gerade in der Portraitfotografie werden Sie den Ring-USM zu schätzen lernen.

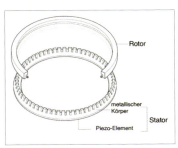

Die Schnittzeichnung oben zeigt die Lage des Ring-USM. Unten: Das Piezo-Element sorgt mit Hilfe von Schwingungen im Ultraschallbereich für eine wellenförmige Bewegung des Stators. Über Reibung wird diese Schwingung zum Antrieb des Rotors genutzt.

Bei etwas preiswerteren Objektiven wird ein Mikro-USM eingesetzt, der lautlos arbeitet, aber die Rotation über ein Getriebe weitergibt. Hier muss für die manuelle Fokussierung auf MF umgeschaltet werden, da das Getriebe einer direkten manuellen Einflussnahme ohne Umschalten im Wege steht. Dennoch bleibt auch hier der Vorteil der schnellen, lautlosen Fokussierung erhalten.

Manuelle Fokussierung (MF)

Vorweg gesagt: Es gibt nur sehr wenige Motive, bei denen sich das Umschalten auf manuelle Entfernungseinstellung lohnt – und das eigentlich auch nur dann, wenn man mit Stativ arbeitet. Denn sonst ist man mit der Schärfe-Messwertspeicherung schneller! Zum einen bei Makroaufnahmen, bei denen die Schärfe präzise gelegt werden muss, wie z.B. bei tiefen Blütenkelchen oder Platinen. Zum anderen bei Portraits, die schon fast im Makrobereich angesiedelt sind. Zum Beispiel bei einer schräg fotografierten Gesichtspartie, bei der exakt auf das vordere Auge scharfgestellt werden soll – und das liegt nur selten in der Bildmitte.

Alle Objektive der EF- und EF-S Serie erlauben eine manuelle Fokussierung. TS-E und MP-E Objektive können ausschließlich manuell fokussiert werden. Objektive mit Ring-USM-Motor erlauben es jederzeit, auch im AF-Betrieb, manuell fokussiert zu werden.

Bildstabilisator IS

Ein echtes Highlight im Canon-Objektivprogramm sind die vielen Objektive mit optischem Bildstabilisator (IS = Image Stabilizer). Eine Linsengruppe mit beweglichen, magnetisch angetriebenen Linsen kompensiert effektiv Zitter- und Wackelbewegungen.

Die Information, in welche Richtung sich die Linsen bewegen müssen, bekommt die Linsensteuerung über so genannte Gyro-Sensoren – Sensoren die eine Veränderung der räumlichen Lage registrieren können. Die IS-Technologie ermöglicht es, etwa 2-3 volle Belichtungsstufen länger ohne Verwackeln fotografieren zu

OBJEKTIVSYSTEM

Foto: Canon

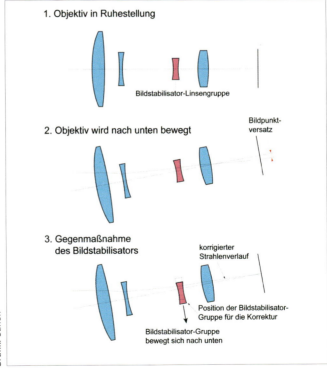

Grafik: Canon

Oben: Blick auf die IS-Einheit des EF 75-300mm. Es war das erste Serien-Objektiv überhaupt mit optischem Bildstabilisator.
Unten: DIe Grafik beschreibt schematisch die Funktionsweise des IS. Über eine bewegliche Linsengruppe werden die Wackelbewegungen ausgeglichen, so dass der Bildpunkt in der Film- bzw. CMOS-Ebene konstant bleibt.

können. Das bedeutet immerhin, statt einer 1/250s noch die 1/30s nutzen zu können.

Manche IS-Objektive verfügen über zwei IS-Einstellungen. Eine für den normalen Ausgleich, eine zweite für den Ausgleich von Zittern bei gleichzeitigem Mitziehen des Objektivs. Hier wird die Mitziehbewegung nicht ausgeglichen, was unerwünschte Trägheitseffekte verhindert. Aber: IS-Objektive erhöhen den Stromverbrauch der Kameras spürbar. Wer IS-Objektive einsetzt, sollte über die Anschaffung zusätzlicher Akkus nachdenken.

Gerade mit Blick auf der Brennweitenfaktor 1,6x macht die Anschaffung eines IS-Objektivs im Telebereich Sinn. Mit dem EF-S 55-250mm IS steht sogar eine ausgesprochen preiswerte Variante zur Verfügung.

Asphärische Linsen

Normal geformte Linsen habe eine kugelförmige Oberflächenkrümmung. Asphärische Linsen weisen eine von der Kugelform abweichende Krümmung auf. Der Einsatz von Asphären eignet sich hervorragend für viele Zielsetzungen von Optikkonstrukteuren:

1. die Leistung lichtstarker Objektive bei offener Blende wird deutlich verbessert.
2. Objektive können kompakter konstruiert werden, da bei gleicher Leistung weniger Linsen erforderlich sind.
3. Bei Weitwinkelobjektiven wird die Abbildungsqualität in den Ecken verbessert.
4. Die Verzeichnung kann verringert werden.
5. Objektive können kompakter und leichter, aber auch preiswerter konstruiert werden.

Lange Zeit war die Herstellung von asphärischen Linsen sehr teuer, da sie von Hand geschliffen und poliert werden mussten. Inzwischen gibt es mehrere Herstellungsverfahren, z.B. gepresste Glaslinsen oder Glas/Kunststoff-Verbundlinsen, die auch den Einsatz von Asphären und deren Vorteile in preiswerten Objektiven ermöglichten.

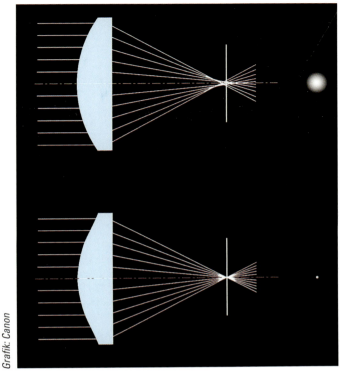

Bei Linsen mit einer kugelförmigen Oberfläche besitzen mittige Strahlen und Randstrahlen nicht den gleichen Brennpunkt. Es kommt zu Abbildungsfehlern – Punkte werden unscharf dargestellt. Asphärische Linsen besitzen eine Form, die von der Kugeloberfläche abweicht. Dadurch können sich in einem optischen System Randstrahlen im gleichen Brennpunkt wie die mittigen Strahlen treffen – der typische Abbildungsfehler wird kompensiert.

Fluorit- und UD-Linsen

Zur optimalen Korrektur von Farbrestfehlern, besonders bei Teleobjektiven, sind Linsen mit speziellen Brechungseigenschaften notwendig. Canon unterscheidet inzwischen drei verschiedenen Typen. UD-Linsen und Super-UD-Linsen sind hoch brechende Gläser mit niedriger Dispersion. Sie sind vergleichsweise preiswert in der Herstellung und ermöglichen eine effektive Korrektur von Farbfehlern. Unkorrigiert würden diese Farbfehler zu Farbsäumen an Kanten oder zu einer kontrastarmen Bildwiedergabe führen.

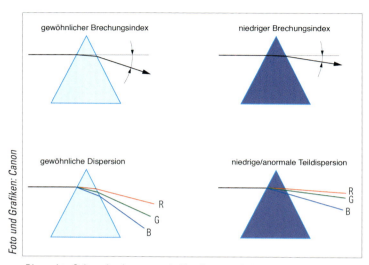

Die rechte Seite zeigt das anormale Brechungsverhalten von UD- und Calciumfluorit-Linsen. Die besondere Lichtbrechung einzelner Farbbereiche ermöglicht es den Optikkonstrukteuren, bestimmten Abbildungsfehlern entgegenzuwirken. Die Folge sind bessere Schärfe und höherer Kontrast, besonders bei Telebrennweiten.

Dispersion

Linsen brechen unterschiedliche Lichtfarben unterschiedlich stark. Das führt in der Objektivkonstruktion zum Problem, das Objektiv auf alle Lichtfarben optimal korrigieren zu können. Dispersion beschreibt die unterschiedlich starke Brechung der Lichtfarben. Üblicherweise haben Linsen mit hoher Brechkraft auch eine hohe Dispersion. Die speziellen UD-Linsen weisen aber eine niedrige Dispersion auf.

Noch etwas spezieller sind Linsen aus Calciumfluorit, einem künstlich gezüchteten Kristall mit besonderen optischen Eigenschaften, so genannter anormaler Teildispersion. Sie brechen bestimmte Farbbereiche des Lichts anders als Glassorten. Durch diesen Linsentyp lassen sich besonders aufwändige Konstruktionen realisieren, z.B. ein 300mm oder 400mm Objektiv mit Lichtstärke 1:2,8 – ohne Kompromisse in der Bildqualität. Dadurch, dass es sich hier um künstlich gezüchtete Kristalle und nicht um Glas handelt, sind die Herstellungs- und Verarbeitungskosten sehr hoch, was sich sofort auf den Preis der Objektive auswirkt.

Die DO-Technologie von Canon könnte aber dieses Problem in Zukunft für Amateure und Profis etwas entspannen.

OBJEKTIVSYSTEM

Bei der Konstruktion lichtstarker Objektive oder sehr langer Telebrennweiten greift Canon häufig auf Linsen aus diesen speziellen Materialen zurück. Gerade in diesem Bereich sind im Vergleich zu den alten FD-Objektiven erhebliche Fortschritte erzielt worden.

DO-Objektive

Canons neueste Technologie in der Linsentechnologie ist das DO-Element, das Canon auch als Beugeglied (Defractive Optics) bezeichnet. Es vereint bezüglich seiner Brechungseigenschaften den Vorteil mehrerer UD-Linsen oder Calciumfluorit-Linsen. Dadurch werden leichtere und kleinere, exzellent farbkorrigierte Objektive möglich.

Zurzeit ist diese Technologie noch recht kostspielig. Aber wer Wert auf eine kompakte, aber gleichzeitig leistungsstarke Ausrü-

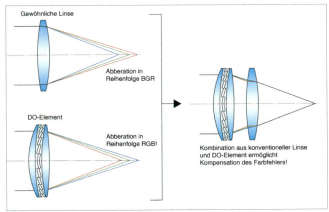

Oben links: DO-Linse mit ihren typischen konzentrischen Ringen.
Unten: Durch das besondere Verhalten bei der Brechung von Lichtfarben ergeben sich für die Optikkonstrukteure Vorteile, die sonst nur durch den Einsatz mehrerer UD- oder Calciumfluorit-Linsen zu erzielen sind. Das macht Objektive kleiner und preiswerter.

stung legt, sollte sich die DO-Objektive einmal genauer anschauen. Zurzeit gibt es zwei Vertreter dieser Objektivgattung, nämlich das EF 400mm 1:4,0 DO IS USM und das EF 70-300mm 1:4,5-5,6 DO IS USM.

111

L-Objektive

Canon bezeichnet seine Hochleistungsobjektive als L-Objektive. Neben einer mechanischen Qualität, die dem harten professionellen Alltag genügen muss, werden immer auch asphärische Linsen oder Linsen aus UD-Glas oder Calciumfluorit für eine professionelle Bildqualität eingesetzt.

L-Objektive stehen für Abbildungsleistung der Spitzenklasse. Zu erkennen sind die L-Objektive immer an dem roten Ring. DO-Objektive sind mit einem grünen Ring gekennzeichnet.

Canon bietet eine Vielzahl L-Objektive an.

Optische Grundlagen
Brennweiten

Neben Blende und Verschlusszeit ist der Einsatz verschiedener Brennweiten wohl wichtigstes Gestaltungswerkzeug in der Fotografie. Durch entsprechende Brennweitenwahl können Objekte näher herangeholt oder weggerückt, Räume verdichtet, Perspektiven dramatisch überbetont, Überblick verschafft oder Einzelheiten betont werden. Grundsätzlich wird die Brennweite „f" von Objektiven in Millimetern beschrieben. Stellen Sie sich vereinfacht ein einlinsiges Objektiv mit einer symmetrischen Linse – wie bei einer Lupe – vor. Der Abstand vom optischen Linsenmittelpunkt zur Film- oder Chip-Ebene beschreibt die Brennweite. Bei mehrlinsigen Objektiven ist das Ganze wesentlich komplexer, jedoch reicht zum grundlegenden Verständnis das oben beschriebene Modell völlig aus.

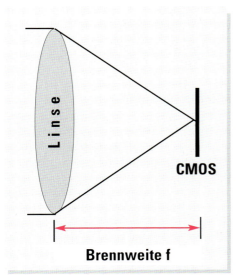

Als Basis für die Brennweitenbetrachtung nimmt man üblicherweise die Länge der Diagonale des Aufnahmemediums – bei Kleinbild sind das ca. f = 43 mm, bei einem APS-C-formatigen CMOS-Chip der Größe 22,2 x 14,8 mm, wie bei der EOS 450D, ca. f = 27 mm. Man spricht in diesem Fall von einer Normalbrennweite oder einem Normalobjektiv. Interessanterweise spiegelt diese Brennweite den bewussten Sehwinkel des Auges wider, der bei etwa 45° liegt – die Bildwirkung wird als perspektivisch neutral empfunden. Ein Objektiv durch die Brennweite zu charakterisieren, ist an sich eine recht sinnlose Vorgehensweise, denn eigentlich sollte etwas ganz anderes beschrieben werden: die Länge der Brennweite gibt für sich genommen keine Information her, interessant ist eigentlich der aufgenommene Bildwinkel! Verkürzt oder verlängert man den Abstand der Linse zum Film oder zum Chip, so verändert sich auch der Bildwinkel.

Bei einer Brennweitenverkürzung vergrößert sich der Bildwinkel und umgekehrt. Deshalb spricht man bei einer Brennweitenverkürzung gegenüber der Normalbrennweite auch von einem Weitwinkelobjektiv, bei einer Verlängerung von einem Teleobjektiv. Ein Zoomobjektiv ist in der Lage, einen größeren Brennweitenbereich abzudecken. Es kann dabei Weitwinkel- oder Telecharakter haben, bei so genannten Standard- oder Universalzooms werden beide Bereiche abgedeckt (z.B. f = 28-90mm bei Kleinbild oder eben f = 18-55mm für das APS-C Chip-Format der digitalen EOS).

Brennweiten und Perspektive

Obwohl praktisch jede beliebige Brennweite zu konstruieren ist, haben sich dennoch bestimmte Abstufungen etabliert. Sie werden z.B. eher selten die Brennweite 39 mm finden! Diese Einteilung ist sehr sinnvoll, da sich dadurch auch die entsprechenden Einsatzgebiete ergeben.

Oftmals wird behauptet, dass Weitwinkelobjektive eine andere Perspektive darstellen als Teleobjektive. Das ist nur die halbe Wahrheit: der Knackpunkt ist der Standort!

Machen Sie drei Aufnahmen vom gleichen Standort aus – einmal mit Weitwinkel, Normalbrennweite und Telebrennweite! Vergrößern Sie nun aus den Aufnahmen der Weitwinkel- und Normalbrennweite den Ausschnitt heraus, den die Telebrennweiten-Aufnahme zeigt. Sie werden feststellen, dass die drei Aufnahmen die gleiche Perspektive zeigen – die Bilder sind identisch!

Die eigentlichen Tele- und Weitwinkelperspektiven kommen nur durch unterschiedlichen Standort zustande! Diesen Umstand machen sich die digitalen Kompaktkameras beim Digitalzoom zu Nutze: Durch die digitale Ausschnittsvergrößerung wird der gleiche Bildeffekt wie mit einer längeren Telebrennweite erzielt!

OBJEKTIVSYSTEM

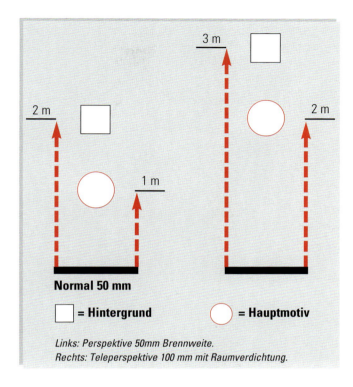

Links: Perspektive 50mm Brennweite.
Rechts: Teleperspektive 100 mm mit Raumverdichtung.

Beispiel:
Ihr Hauptmotiv befindet sich ca. 1 Meter von einem Hintergrundmotiv entfernt. Mit einem Normalobjektiv haben Sie zum Hauptmotiv einen Abstand von 1 Meter, dadurch ergibt sich zum Hintergrundmotiv ein Abstand von 2 Metern. Das Verhältnis Abstand Hauptmotiv zu Abstand Hintergrund ist 1:2!
Versuchen Sie mit Tele- und Weitwinkelbrennweite Ihr Hauptmotiv in der gleichen Größe zu fotografieren! Bei der Telebrennweite f = 100 mm müssen Sie nun zum Motiv 2 Meter Abstand halten, das Hintergrundmotiv ist jetzt 3 Meter entfernt, das Verhältnis ist nun 1:1,5 – der Raum bereits komprimiert! Bei der Weitwinkelaufnahme mit f=24mm ist es genau umgekehrt. Sie müssen ca. 50 cm nah an das Hauptmotiv heran, der Hintergrund ist 1,5 Meter entfernt: das Verhältnis ist nun 1:3 – der Raum gestreckt!

OBJEKTIVSYSTEM

OBJEKTIVSYSTEM

Linke Seite: Diese beiden Aufnahmen wurden von unterschiedlichen Standpunkten mit Tele- und Weitwinkelbrennweite so fotografiert, dass der Abbildungsmassstab identisch ist. Die Bilder zeigen daher eine unterschiedliche Perspektive! Die Perspektive ist also vom Standpunkt, nicht von der Brennweite abhängig!

Große perspektivische Unterschiede der Brennweiten ergeben sich, wenn Sie ein Motiv in der gleichen Abbildungsgröße auf das Foto bannen. Sie bestimmen durch die Veränderung der Perspektive die Bildaussage!

Bleibt der Standpunkt der gleiche, bekommen Sie bei gleicher Perspektive mehr oder weniger Umfeld auf das Foto gebannt. Dadurch überbrücken Sie Distanzen (Tele), konzentrieren auf das Wesentliche (Tele) oder zeigen dem Betrachter eine Übersicht (Weitwinkel).

Links: Aufnahme mit Weitwinkelbrennweite
Mitte: Ausschnittsvergrößerung der Aufnahme
Rechts: Aufnahme mit Telebrennweite

Dieser Vergleich zeigt, dass – vom gleichen Standpunkt aufgenommen – die Ausschnittsvergrößerung das gleiche Bild wie die Teleaufnahme zeigt. Die Perspektive ist tatsächlich identisch!

OBJEKTIVSYSTEM

Einsatzgebiete

Würde die Fotografie klare Regeln aufstellen, so wäre sie langweilig! Gerade durch das Experimentieren mit Brennweiten und Perspektiven werden Bilder interessant, da sie neue Sehweisen aufzeigen. Dennoch haben sich einige Erfahrungswerte grundsätzlicher Natur ergeben:

Weitwinkelaufnahmen sind toll bei Architekturaufnahmen und Landschaftspanoramen: in engen Gassen ist das Weitwinkel ein Muss, da Sie sonst gar nicht die Chance hätten, ein Gebäude Format füllend zu fotografieren.

Moderner Architektur können Sie durch schrägen Standpunkt und durch eine steile Perspektive Dynamik verleihen. In der Landschaftsfotografie erzeugt eine Weitwinkelaufnahme die Möglichkeit, den Blick in der Szenerie umherschweifen zu lassen.

Doch Vorsicht mit Weitwinkelobjektiven bei Portraits! Kleine Ohren und große Nasen sind das Resultat. Als Partygag ist das manchmal witzig, meist aber doch nicht sehr beliebt – zumindest nicht bei den „Opfern". Dennoch, auch hier gilt: ausprobieren! Dynamische Perspektiven durch Weitwinkelbrennweiten können auch bei Portraits spannend sein. Die Modefotografie macht es vor....

Teleaufnahmen lösen Architektur- und Landschaftsdetails aus ihrem Umfeld. Kleine Dinge, die normalerweise keine große Beachtung finden, werden so wirkungsvoll in den Vordergrund gehoben. Und: Distanzen können überbrückt werden. Telebrennweiten sind notwendig, wenn der Standpunkt nicht verändert werden kann. Bei Sportveranstaltungen, Konzerten und auf Reisen ist das eine häufig auftretende Situation. Schön sind Telebrennweiten bei Portraits, da sie das Hauptmotiv vom Hintergrund lösen und die Bilder dadurch ruhiger wirken lassen. Der Blick des Betrachters wird auf das Wesentliche – das Gesicht – gelenkt!

Wozu dann noch Normalbrennweiten verwenden? Perspektivisch vielleicht nicht so dramatisch wie die anderen, hat die Normalbrennweite den Vorteil der Neutralität: Alles erscheint so, wie es ist oder war. Prinzipiell sind alle Motivbereiche damit zu fotogra-

Ähnliche Bildgestaltung – aber unterschiedliche Wirkung! Die obere Aufnahme wurde mit 200mm Brennweite erstellt und verdichtet den Raum. Für die untere Aufnahme wurde das EF 17-40mm L USM mit kürzester Brennweite eingesetzt. Durch den Weitwinkelcharakter wird der Raum und damit die Trostlosigkeit der Strandszenerie betont.

Typischer Einsatz von Telebrennweiten. Fernes wird nah herangeholt. Dadurch verdichtet sich auch der Raumeindruck. EF 70-200mm 1:4,0L USM.

Typischer Einsatz von Weitwinkelbrennweiten: eindrucksvolle Übersichten. EF 17-40mm 1:4,0L USM.

fieren: Berühmte Fotojournalisten der 30er bis 60er haben gezeigt, dass mit der Normalbrennweite legendäre Fotos zu erschaffen sind. Schließlich sind Normalobjektive am nächsten an unseren Sehgewohnheiten.

> **Tipp:**
> Machen Sie sich erst Gedanken, mit welcher Brennweite Ihr Motiv am besten fotografiert werden kann. Erst dann suchen Sie den Standort aus – und
> nicht umgekehrt. Sonst wird das Zoomobjektiv Ihrer Kamera zur „Gehhilfe" degradiert, das kreative Potenzial verschenkt – es wäre schade drum!

Der visuelle Brennweitenfaktor 1,6

Hätte man sich vor Jahrzehnten entschlossen, ein Objektiv durch den aufgenommenen Bildwinkel zu charakterisieren, so wären wir heute um ein Problem ärmer: Die Brennweitenangaben bei Digitalkameras sind verwirrend! Während wir bei der Kleinbildfotografie gelernt haben, dass ein 50 mm-Objektiv ein Normalobjektiv ist und ein 28 mm Objektiv ein Weitwinkel, so ist das bei digitalen Kameras nicht mehr eindeutig zu sagen.

Kleinbildnegative oder Diafilme sind immer gleich groß, nämlich 24 x 36 mm, aber in der Digitalfotografie gibt es eine Vielzahl von unterschiedlichen Sensor-Größen! Da die Brennweiten und Bildwinkel mit der Größe der Diagonale des Sensors verquickt sind, ergibt sich für jede Sensor-Größe eine andere Normal-, Tele- oder Weitwinkelbrennweite. Um vergleichbar zu bleiben, ist es sinnvoll, die Brennweiten „äquivalent zu Kleinbild (KB)" anzugeben. Die Kleinbildbrennweiten sind bekannt, die meisten von Ihnen werden den Umgang damit bereits gewohnt sein!

Die hier besprochenen EOS-Modelle weisen alle einen Brennweitenfaktor von 1,6 auf. Eigentlich ist der inzwischen übliche Begriff Brennweitenfaktor irreführend, denn die Brennweite des

OBJEKTIVSYSTEM

aufgesetzten Objektivs ändert sich natürlich nicht. Was sich ändert ist die Bildwirkung des Objektivs. Ein 50mm Objektiv an einer digitalen EOS mit dem Faktor 1,6 zeigt den gleichen Bildausschnitt wie eine Kleinbildfilm-EOS, die mit einem 80mm Objektiv bestückt ist. Der Faktor beschreibt also die Brennweitenwirkung, wie sie mit vollformatiger Kamera wäre!

Suchen Sie z.B. ein lichtstarkes Normalobjektiv zu Ihrer digitalen EOS, so wird eine 28er (= 45 mm Bildwirkung) oder 35er (= 56 mm Bildwirkung) Brennweite die richtige Wahl sein.

Abbildungsmaßstab

Der Abbildungsmaßstab beschreibt das Verhältnis von Objektgröße zur abgebildeten Größe auf Film- bzw. Sensor-Ebene. Ein Objekt im Format 24 x 36 Zentimeter wird auf einem Kleinbildfilm im Format 24 x 36 Millimeter im Maßstab 1:10 abgebildet. In der digitalen Spiegelreflexfotografie ist das nicht anders, nur dass sich im Falle der EOS 450D und Kollegen das Filmformat geändert hat!

Maßstab 1:10 heißt hier nun, dass ein Objekt im Format 22,2 x 14,8 Zentimeter Format füllend abgebildet wird. Auch hier hat der kleinere Sensor bzw. der Brennweitenfaktor den Vorteil, dass die Makrofähigkeit mit Blick auf den Abbildungsmaßstab verbessert wird.

Für die Maßstabsangaben bei Makroobjektiven bleibt alles beim Alten: Maßstab 1:1 bleibt Maßstab 1:1! Nur das Bezugsformat ändert sich: es ist nun 22,2 x 14,8 mm statt 24 x 36 mm. Wer in der „alten" Kleinbildwelt weiterrechnen möchte, zum Beispiel weil Kleinbilddias im Format „1:1" abfotografiert werden sollen, muss den Faktor 1,6 in seine Berechnungen als Faktor einbeziehen – hier wird nun real im Maßstab 1:1,6 fotografiert.

Brennweitenvergleich Vollformat zu 1,6x

Um die Bildwirkung der unterschiedlichen Brennweiten deutlich zu machen, finden Sie auf den nächsten Seiten eine Gegenüberstellung der wichtigsten Brennweiten, jeweils für das Kleinbildformat und für Ihre digitale EOS.

OBJEKTIVSYSTEM

Kleinbildformat *EOS 450D*

10mm

14mm

17mm

20mm

24mm

OBJEKTIVSYSTEM

Kleinbildformat *EOS 450D*

28mm

35mm

50mm

75mm

100mm

125

OBJEKTIVSYSTEM

Kleinbildformat **EOS 450D**

 135mm

 200mm

 300mm

 400mm

600mm

Abbildungsfehler

Zwei typische Abbildungsfehler, die in der fotografischen Praxis eine große Rolle spielen, sind die Verzeichnung und die Vignettierung.

Vignettierung

Abschattungen in den Bildecken bezeichnet man auch als Vignettierung.

Jeder hat diesen Fehler schon einmal gesehen: dunkle Bildecken! Diese Abdunklung in den Bildecken, auch Vignettierung genannt, hat zwei unterschiedliche Auslöser.

Die „natürliche Vignettierung" ist optisch bedingt und betrifft jedes Objektiv in Abhängigkeit vom Bildwinkel gleichermaßen. Die natürliche Vignettierung ist bei einem 20mm Objektiv egal von welchem Hersteller gleich groß! Je größer der Bildwinkel, desto größer ist auch dessen Randabdunklung. Bei extremen Weitwinkelobjektiven ist diese Vignettierung mit bloßem Auge zu erkennen und nicht ohne weiteres zu vermeiden. Diese Vignettierung verschwindet nicht durch Abblenden!

Die zweite Form der Vignettierung ist die „künstliche Vignettierung". Sie wird in der Regel durch Fassungsteile, die im Wege sind, hervorgerufen. Sie treten häufig bei extrem lichtstarken Objektiven und bei Zooms stärker als bei Festbrennweiten auf. Diese Art der Vignettierung wird bei vielen Herstellern im begrenzten Maße in Kauf genommen, um die Objektive kompakter gestalten zu können. Die künstliche Vignettierung lässt sich oft durch Abblenden beseitigen oder zumindest deutlich verringern. Im ungünstigsten Fall addieren sich beide Arten der Vignettierung!

Wer gerne Reproduktionen anfertigt, im technisch-wissenschaftlichen Bereich fotografiert oder sich auf Architekturfotografie stürzt, sollte Objektive wählen, die keine starke Vignettierung zeigen.

Verzeichnung

Von Verzeichnung spricht man, wenn parallel zum Bildrand verlaufende Linien nicht mehr gerade, sondern gebogen wiedergegeben werden. Man unterscheidet zwischen tonnenförmiger und kissenförmiger Verzeichnung. Bei Zooms kann auch schon einmal eine wellenförmige Verzeichnung als Mischform der beiden anderen auftreten. Für die Portrait- und Actionfotografie ist dieser Abbildungsfehler nicht störend, aber Architektur- und Reprofotografen werden die Verzeichnung hassen. Grundsätzlich kann man sagen: Zooms verzeichnen meist deutlich stärker als Festbrennweiten, Weitwinkelobjektive stärker als Teleobjektive.

Makroobjektive und Canons TS-E-Objektive verzeichnen praktisch gar nicht, da sie speziell für die Architektur- bzw. Reprofotografie konstruiert worden sind. Die Verzeichnung lässt sich ebenfalls durch Abblenden nicht beseitigen.

Update: Im Lieferumfang der EOS 450D befindet sich die Software Digital Photo Professional Software, Version 3.3. Diese Version wird bei über 30 Objektiven eine automatische Korrektur von Verzeichnung, Vignettierung und chromatischer Aberration ermöglichen, und das in Abhängigkeit der Aufnahmeentfernung! Allerdings müssen die Bilder als RAW-Daten vorliegen, was auch Sinn macht, um die Bilder qualitativ möglichst hochwertig zu korrigieren.

Links: tonnenförmige Verzeichnung.
Rechts: verzeichnungsfreie Wiedergabe.

Alle Objektive im Detail

Bevor ich Ihnen alle aktuellen Canon-EOS-Objektive kurz vorstelle, möchte ich noch ein paar grundsätzliche Dinge ansprechen.

Kompatibilität

Grundsätzlich sind alle EF-Objektive außer den EF-S-Objektiven mit allen EOS-Kameras uneingeschränkt kompatibel. Das gilt für den Einsatz an analogen und digitalen Kameras gleichermaßen. Natürlich gibt es Fortschritte in der Optikrechnung und AF-Technologie, aber dennoch wird auch ein EF 100-300mm 1:5,6L aus früher EOS-Zeit an einer EOS 450D eine gute Figur machen.

Viele Objektive aus den EOS-Anfängen befinden sich noch immer im Lieferprogramm, beispielsweise das EF 28mm 1:2,8, das EF 35mm 1:2,0 oder das EF 50mm 1:2,5 Compact Macro – alle arbeiten auch digital mit hervorragender Performance.

Die neueste E-TTL II Blitztechnologie setzt allerdings voraus, dass eine Entfernungsinformation übertragen wird. Das tun bereits ca. 60% – meist die etwas neueren Konstruktionen. Eine Information hierzu finden Sie in der Objektivtabelle im Anhang. Allerdings ist dieser Umstand nicht so tragisch, da für den Fall, dass keine Entfernungsinformation übertragen wird, die Kamera automatisch in den bekannten E-TTL-Betrieb umschaltet.

Fremdobjektive

Grundsätzlich arbeiten auch Fremdobjektive z.B. von Tamron, Sigma und Tokina mit Ihrer EOS zusammen. Allerdings gibt es hier ein paar Dinge zu bedenken: Die konstruktiven Vorteile des EF-Bajonetts und der elektromagnetischen Blendensteuerung kommen bei den Konstruktionen der Fremdhersteller nicht zum Tragen, da die gleiche Konstruktion auch mit anderen Kameraanschlüssen funktionieren muss. In den meisten Fällen harmonieren die Fremdobjektive mit den EOS-Modellen.
Auch bieten manche Fremdhersteller Objektivkonstruktionen, die Canon nicht im Sortiment hat oder nur zu deutlich höheren Preisen.

Dennoch: für die Kompatibilität zu Fremdobjektiven muss der Fremdobjektivhersteller gerade stehen. Auch sollten Sie sich die AF-Geschwindigkeit im Vergleich anschauen.

EF-S/EF

Canon brachte zusammen mit der EOS 300D erstmals ein Objektiv der EF-S-Serie. Diese Objektive zeichnen nur das Bildformat der digitalen EOS-Modelle mit Brennweitenfaktor 1,6x aus und unterscheiden sich durch eine etwas tiefer in das Kameragehäuse hineinragende Fassung. Daher passen sie nicht an die analogen Modelle und an die früheren digitalen Modelle EOS D30, D60,10D und 1D/5D-Modelle! Hintergrund für diese Konstruktionen war, sehr preiswerte Objektive mit sehr kurzen Anfangsbrennweiten anbieten zu können.

Aber nicht nur Weitwinkelbrennweiten können von der EF-S-Philosophie profitieren. Sehr interessant ist das EF-S 60mm Macro USM. Hier wurde das beliebte EF 100mm Macro USM für den Brennweitenfaktor zurechtgeschrumpft und spürbar preiswerter.

Kennzeichen für EF-S-Objektive: der Gummiring und das weiße Quadrat anstelle des roten Punktes bei EF-Objektiven.

Alle Objektive kurz vorgestellt

Canons Objektivsortiment bietet für fast jede Anwendung und jeden Anspruch ein geeignetes Objektiv. Vom lichtstarken Teleoder Weitwinkelobjektiv über Spezialobjektive für die Makro- und Architekturfotografie bis hin zum preiswerten Universalzoom ist alles dabei. Um einen kleinen Überblick zu bekommen, werde ich alle Objektive kurz vorstellen und eine Kurzeinschätzung abgeben.

Vielleicht hilft es ja etwas, sich im Dickicht der mehr als etwa 60 Objektive zurechtzufinden, und die richtige Wahl zu treffen. Der Wert in Klammern beschreibt die Bildwirkung mit dem Brennweitenfaktor 1,6x.

Festbrennweiten

Festbrennweiten sind nicht so flexibel wie Zoomobjektive. Dennoch erfreuen sie sich großer Beliebtheit, denn sie bieten auch viele handfeste Vorteile: oft höhere optische Leistung als Zooms, sehr hohe Lichtstärke, geringe Verzeichnung und oft auch niedrigere Vignettierung. Festbrennweiten sind im Vergleich zu Zooms recht kostspielig.

Weitwinkel

EF 14mm 1: 2,8L II USM (22mm)
Extremes Weitwinkelobjektiv mit sehr hoher Lichtstärke – meist im Einsatz in der professionellen Reportagefotografie. In der neuen Version mit extrem hoher optischer Leistung, nahezu verzeichnungsfrei und wirklich architekturtauglich. Sehr kostspielig. Wer auf die Lichtstärke und die Brennweite verzichten kann und ein vollformatiges Objektiv sucht, sollte zum EF 17-40mm L USM greifen. Mit Ring-USM.

EF 20mm 1:2,8 USM (32mm)
Lichtstarkes Superweitwinkelobjektiv, das an Ihrer digitalen EOS zum Standard-Weitwinkelobjektiv wird. Niedrige Verzeichnung. Vergleichsweise preiswert. Mit Ring-USM.

Fotos: Canon

EF 24mm 1:1,4L USM (38mm)
Extrem lichtstarkes Objektiv. Für den professionellen Reportageeinsatz gedacht, daher auf hohe Lichtstärke korrigiert. Wer ein Objektiv für die Landschafts- und Architekturfotografie sucht, sollte besser zum EF 24mm 1:2,8 oder TS-E 24mm 1:3,5L greifen. Mit Ring-USM.

EF 24mm 1:2,8 (38mm)
Schönes, kompaktes und erschwingliches 24mm Objektiv. Sehr gute optische Leistung, geringe Verzeichnung. Im Vergleich zu Zooms immer noch hohe Lichtstärke. Solide Kunststoff-Metall-Fassung. Kein USM.

EF 28mm 1:1,8 USM (45mm)
Hochlichtstarkes und dennoch preiswertes 28mm Objektiv. Es kann als lichtstarkes Normalobjektiv an der digitalen EOS gesehen werden. Die optische Leistung ist sehr gut, viele Profis arbeiten mit diesem Objektiv. Mit Ring-USM.

EF 28mm 1:2,8 (45mm)
Die lichtschwächere Variante des EF 28mm 1:1,8 USM. Praktisch keine Verzeichnung und bessere optische Leistung als die lichtstärkere Variante. Wer Top-Qualität in dieser Brennweitenklasse nutzen möchte, sollte es sich genauer anschauen. Sehr günstiger Preis, gute Fassung, aber kein USM.

EF 35mm 1:1,4L USM (56mm)
Ein weiteres extrem lichtstarkes Weitwinkel, das an der digitalen EOS als Normalobjektiv genutzt werden kann. Wie das EF 24mm 1:1,4L USM klar auf den professionellen Reportageeinsatz zugeschnitten. Landschafts- und Architekturfotografen finden wohl im EF 35mm 1:2,0 das ausgewogenere Objektiv. Sehr kostspielig, mit Ring-USM.

EF 35mm 1:2,0 (56mm)
Hohe Lichtstärke, kompakte Abmessungen, geringe Verzeichnung, exzellente optische Leistung und ein sehr attraktiver Preis machen es zu einer attraktiven Standardoptik für die digitale EOS. Sehr kompakt, solide Kunststoff-Metall-Fassung. Leider auch ohne USM.

Normalobjektive

EF 50mm 1:1,2L USM (80mm)
Das ultralichtstarke 50mm Objektiv der L-serie eignet sich hervorragend für Aufnahmen unter sehr schwachem Licht und für das Erzielen selektiver Schärfe. Mit Blick auf die Lichtstärke sehr gute Abbildungsqualität. Ring-USM, Staub- und Spritzwasserschutz, recht teuer.

EF 50mm 1:1,4 USM (80mm)
Das lichtstarke 50mm Objektiv glänzt mit hochwertiger Fassung und USM. Sehr gute optische Leistung, die hohe Lichtstärke macht das Fotografieren unter schlechten Lichtbedingungen zum Vergnügen.
Im Vergleich zum EF 50mm 1:1,8 drei- bis vierfacher Preis. Mit Ring-USM, der in der Portraitfotografie klare Vorzüge hat.

EF 50mm 1:1,8 (80mm)
Die etwas billig anmutende Fassung spiegelt die wahren optischen Qualitäten nicht wider! Mindestens auf gleichem optischen Niveau wie das EF 50mm 1:1,4 USM, kostet es nur einen Bruchteil. Leichtestes und preiswertestes Objektiv von Canon. Kunststoffbajonett, kein USM.

Teleobjektive

EF 85mm 1:1,2L II USM (136mm)
Extrem lichtstarkes Teleobjektiv, das sich durch den Faktor 1,6 zu einem Standardtele mit nie da gewesener Lichtstärke wandelt. Knapp ein Kilo schwer und groß. Trotz der hohen Lichtstärke durch den hohen konstruktiven Aufwand traumhafte optische Leistung. Neu mit bis zu 1,8fach schnellerem Autofokus. Da es den kompletten Linsenblock zum Fokussieren nutzt, ist es trotz Ring-USM noch relativ langsam. Toll für Portraits und Landschaften. Sehr teuer.

EF 85mm 1:1,8 USM (136mm)
Top-Leistung, kompakt und relativ preiswert. Wer auf die Lichtstärke 1:1,2 verzichten kann, trifft mit diesem Objektiv für universelle fotografische Anwendungen eine sehr gute Wahl.
Mit sehr schnellem Ring-USM.

Durch die hohe Lichtstärke von Festbrennweiten sind in Verbindung mit einer hohen ISO-Zahl auch Freihandaufnahmen im Dämmerlicht realisierbar. EF 35mm 1:2,0.

OBJEKTIVSYSTEM

EF 100mm 1:2,0 USM (160mm)

Wer eine etwas längere Brennweite mag, bekommt hier ein Objektiv geboten, das sich durch die gleichen positiven Tugenden wie das EF 85mm 1:1,8 auszeichnet. Bei vollformatigen Kameras ist es eine beliebte Brennweite, im Einsatz mit den digitalen Modellen ist die Brennweite für Portraitfotografie schon recht lang. Ich würde für diesen Einsatzzweck das 85er vorziehen. Mit Ring-USM.

EF 135mm 1:2,0L USM (216mm)

Mit dem Faktor 1,6 betrachtet, schon ein langes Teleobjektiv mit extremer Lichtstärke. Top-Leistung, mit das beste Objektiv im EOS-Sortiment. Naheinstellung nur 90 cm, sehr schneller Ring-USM. Mechanisch ohne Tadel. Für die Lichtstärke und Leistung moderater Preis.

EF 200mm 1:2,8L USM (320mm)

Durch den Faktor 1,6 bekommt man sehr preiswert ein Traum-Teleobjektiv mit 300mm und höchster Lichtstärke 1:2,8. Wie das 135er sehr schnelle Fokussierung und gute Naheinstellung, hier 1,2 Meter. Relativ preiswert, mit Ring-USM. Eine Stativschelle gibt's als Zubehör.

EF 200mm 1:2,0L IS USM (320mm)

Ultralichtstarkes Profitele. Schwer und groß, aber optisch bis an die Grenzen des Machbaren korrigiert. Es übertrifft trotz der höheren Lichtstärke sogar das exzellente lichtschwächere Schwestermodell in Schärfe und Kontrast – preislich leider auch: es kostet etwa das 8-fache! Trotz des Gewichts relativ handlich. Mit Ring-USM, Staub- und Spritzwasserschutz.

EF 300mm 1:4,0L IS USM (480mm)

Lichtstarkes, langes Teleobjektiv. Bei Kameras mit Brennweitenfaktor 1,6 ergibt sich schon ein knappes 500mm Supertele. Logisch, dass hier ein Bildstabilisator wertvolle Dienste leistet. Optisch durch zwei UD-Linsen hervorragend scharf und kontrastreich, mit toller Naheinstellung von nur 1,5 Metern – das ergibt etwa Maßstab 1:4!

Noch leicht, noch nicht zu groß, noch nicht zu teuer: Damit ist das EF 300mm 1:4,0L IS USM ein tolles Allround-Objektiv für Freunde längster Telebrennweiten. Mit Ring-USM.

EF 300mm 1:2,8L IS USM (480mm)
Superlichtstarkes Profitele. Schwer und groß, optisch absolut topp. Es übertrifft trotz der höheren Lichtstärke sogar das exzellente lichtschwächere Schwestermodell in Schärfe und Kontrast – es kostet aber etwa das 4-fache! Mit Ring-USM, Staub- und Spritzwasserschutz.

EF 400mm 1:4,0 DO IS USM (640mm)
Das erste Objektiv, bei dem in der optischen Konstruktion eine DO-Linse genutzt wird. Mit einem Gewicht um die 2 Kilo ist es in der Tat noch sehr gut aus der freien Hand nutzbar. Die optische Qualität genügt auch höchsten Ansprüchen, auch wenn das lichtstärkere Schwestermodell noch etwas besser abschneidet.

Das EF 400mm 1:4,0 DO erweist sich als ideales lichtstarkes Teleobjektiv vor allem für Tier- und Naturfotografen, die eine hohe Lichtstärke benötigen und auf das Gepäckgewicht achten müssen. Mit Ring-USM, Staub- und Spritzwasserschutz.

EF 400mm 1:2,8L IS USM (640mm)
Telegigant mit kompromissloser Bildqualität. Groß, teuer, schwer, aber toll. Aus der freien Hand kaum zu halten. Für Profis ein Standardtele für die Sportfotografie. Mit Ring-USM, Staub- und Spritzwasserschutz.

EF 500mm 1:4,0L IS USM (800mm)
Groß, teuer, gut. Aber mit weniger als 4 Kilo Gewicht vergleichsweise leicht und noch freihändig nutzbar. Sehr beliebt bei professionellen Natur- und Tierfotografen. Mit Ring-USM, Staub- und Spritzwasserschutz.

EF 600mm 1:4,0L IS USM (960mm)
Telegigant mit kompromissloser Bildqualität - sehr scharf und kontrastreich auch bei offener Blende. Groß, teuer, sehr schwer. Bei Profis das zweite Standardtele für die Sportfotografie. Mit Ring-USM, Staub- und Spritzwasserschutz.

EF 800mm 1:5,6L IS USM (1280mm)
Telegigant mit kompromissloser Bildqualität. Groß, sehr teuer, für die Brennweite mit 4,5 Kg aber relativ leicht. Toll in der Tier- und Wildlife-Fotografie. Mit Ring-USM, Staub- und Spritzwasserschutz.

Teleobjektive bringen Entferntes nah ran. Um Verwacklungen auszuschließen, sollte mit hohen ISO-Empfindlichkeiten fotografiert werden. Hier wurden sogar ISO 1600 gewählt.

Ein guter Reisebegleiter: Weitwinkelzoom EF 17-40mm L USM. Freihandaufnahme bei ISO 800 und offener Blende.

Zoomobjektive

Die überaus beliebten Zoomobjektive stellen ihre festbrennweitigen Kollegen in den Verkaufszahlen weit in den Schatten. Durch die variable Brennweite ergibt sich eine erfreuliche Vielseitigkeit und Bequemlichkeit für den Anwender. Inzwischen ist die Qualität der Zoomobjektive so gut, dass sie sich von Festbrennweiten in der Praxis kaum mehr unterscheiden.

Durch ihre wesentlich komplexere Konstruktion, ist aber bei den Zooms dennoch mit dem einen oder anderen Kompromiss zu rechnen. So sind Zooms in der Regel nicht so lichtstark, sie verzeichnen und vignettieren mehr und sind meist in den Ecken nicht ganz so scharf wie die Festbrennweiten. Dem gegenüber steht die Flexibilität, das geringere Gewicht und Volumen sowie der oft günstigere Preis. In der Praxis ist oft eine geschickte Kombination – je nach Einsatzgebiet – von Festbrennweiten und Zooms die ideale Wahl.

Weitwinkelzooms

EF-S 10-22mm 1:3,5-4,5 USM (16-35mm)
Neues Ultraweitwinkelzoom, speziell für die Digital-SLRs mit Brennweitenfaktor 1,6 konstruiert. Durch Verzicht auf eine sehr hohe Lichtstärke ist es vergleichsweise günstig und besitzt eine sehr hohe Bildqualität. Die Verzeichnung kann sichtbar sein.
Nicht kompatibel mit EOS 30D, 60D, 10D und 1D-Modellen! Mit Ring USM.

EF 16-35mm 1:2,8L II USM (25-56mm)
Im Kleinbildformat ein Ultraweitwinkelzoom mit extremer Lichtstärke – ein wichtiges Zoom für Reportageprofis. An der digitalen EOS mit 1,6x-Faktor wird es zum Standardzoom. Für die Lichtstärke und Brennweite exzellente optische Leistung, in dieser neuen Version II mit Festbrennweiten vergleichbar.
Recht niedrige Verzeichnung. Wer auf die Lichtstärke verzichten kann, bekommt mit dem EF 17-40mm 1:4,0L USM ein optisch vergleichbares Objektiv. Mit Ring-USM, Staub- und Spritzwasserschutz.

EF 17-40mm 1:4L USM (27-64mm)

Superbeliebt und manchmal wegen der großen Nachfrage mit Wartelisten verbunden. Das EF 17-40mm 1:4,0L USM hat sich binnen kürzester Zeit zum Liebling gemausert, und das nicht ohne Grund. Exzellente optische Leistung durch den Verzicht auf eine hohe Lichtstärke, für ein Zoom geringe Verzeichnung und eine sehr gute Naheinstellung von 28 cm machen es zum Allrounder. Die hohe L-Serien-Qualität gibt es zu einem erstaunlich moderaten Preis. Leicht, aber L-typische Fassungsqualität. Mit Ring-USM, Staub- und Spritzwasserschutz.

EF 20-35mm 1:3,5-4,5 USM (32-56mm)

Schönes, kompaktes Weitwinkelzoom mit knapp zweifachem Brennweitenbereich. Sehr gute optische Leistung, nahe an den Festbrennweiten. Gut geeignet als Standardzoom, wenn das Budget nicht für das EF 17-40mm reicht und das Objektiv auch an einer vollformatigen EOS genutzt werden soll. Streulichtblende empfehlenswert. Mit Ring-USM.

Universalzooms

EF-S 17-55mm 1:2,8 IS USM (27-88mm)

Lichtstarkes Universalzoom, auch für Profis. Für die hohe Lichtstärke sehr gute optische Leistung, auch bei offener Blende. Schneller Autofokus, relativ groß und schwer. Ring-USM. Durch den optischen Bildstabilisator wird der Einsatzbereich deutlich vergrößert. Wird nur nicht der L-Serie zugeordnet, damit die EF-S Fassung nicht für Irritationen sorgt. Teuer, aber das Geld wert.

EF-S 17-85mm 1:4-5,6 IS USM (27-136mm)

Das beliebte EF 28-135mm IS gibt es jetzt auch als „verkürzte" Version für die digitale EOS. Optisch sehr gut korrigiert, mit für diesen Zoombereich moderater Verzeichnung, die aber bei kritischen Architekturmotiven schon stören kann. Der Bildstabilisator ermöglicht auch unter schlechten Lichtbedingungen unverwackelte Bilder. Das bringt auch etwas im Weitwinkelbereich: mit etwas Übung bekommt man noch Fotos mit 1/4 Sekunde Verschlusszeit unverwackelt auf den Chip gebannt. Passt nicht an EOS 30D, 60D,10D und 1D-Modelle. Mit Ring-USM.

EF-S 18-55mm 1:3,5-5,6 (29-88mm)
EF-S 18-55mm 1:3,5-5,6 IS (29-88mm)

Sehr günstig in der Anschaffung kombiniert es eine sehr kurze Anfangsbrennweite mit sehr guter optischer Leistung. Auch wenn die Objektivfassung keinen besonders wertigen Eindruck hinterlässt: optisch sind beide Objektive hervorragend!

Im Set mit der EOS 450D: die IS-Variante! Mechanisch und optisch verbessert. Sehr effektiver 4fach Bildstabilisator mit automatischer Schwenk-Erkennung. Kein USM. Kunststoffbajonett. Nicht kompatibel mit EOS 30D, 60D,10D und 1D-Modellen.

EF 24-70mm 1:2,8L USM (38-112mm)

Lichtstarkes Profi-Universalzoom. Für den Brennweitenbereich und die hohe Lichtstärke sehr gute optische Leistung. Groß, schwer, schneller USM. Spritzwasser- und staubgeschützt. Wer auf die Lichtstärke verzichten kann, findet beim EF 24-85mm 1:3,5-4,5 USM eine günstige Alternative. Ring-USM, Staub- und Spritzwasserschutz

EF 24-85mm 1:3,5-4,5 USM (38-136mm)

Schönes, kompaktes Universalzoom mit sehr guter optischer Leistung. Im unteren Brennweitenbereich zeigt es eine optische Leistung, die den Festbrennweiten kaum nachsteht. Relativ geringe Verzeichnung. Als telelastiges Universalzoom sehr zu empfehlen. Mit Ring-USM

EF 24-105mm 1:4,0L IS USM (38-168mm)

Exzellente optische Leistung und ein attraktiver Brennweitenbereich machen das Objektiv zum Universalisten. Durch den Brennweitenfaktor und die Naheinstellgrenze von 45cm ist es ein Topp-Portraitobjektiv. Der Bildstabilisator kompensiert bis zu drei Belichtungsstufen. Ideale Ergänzung zum EF 17-40mm 1:4L USM und EF 70-200mm 1:4L USM. Mit Ring-USM.

EF 28-90mm 1:4,0-5,6 USM (45-144mm)
EF 28-105mm 1:4,0-5,6 (45-168mm)

Alle drei Objektive zielen auf den analogen Einsteiger. Die Bildqualität ist angesichts des Preises sehr gut, liegt aber auch in der mechanischen Qualität hinter dem etwa doppelt so teuren EF 28-105mm 1:3,5-4,5 USM deutlich zurück mit Schwächen in den Bildecken. Sichtbare, starke Verzeichnung.

Viele Zooms besitzen eine hervorragende Naheinstellgrenze, die sie für Makroaufnahmen tauglich macht. EF 17-40mm L USM, offene Blende 4,0.

OBJEKTIVSYSTEM

Das EF 24-105mm1:4-5,6 ist nur noch als USM-Variante erhältlich. Kunststoffbajonett.

EF 28-105mm 1:3,5-4,5 USM (45-168mm)
Kompaktes, relativ lichtstarkes Universalzoom mit guter optischer Leistung und sehr guter Naheinstellgrenze von nur 50cm. Zusammen mit einer digitalen EOS deckt es den wichtigsten Telebereich ab. Für die Architekturfotografie wegen der deutlichen Verzeichnung nicht so gut geeignet, aber für den universellen Einsatz durchaus eine Empfehlung. Gutes Preis/Leistungsverhältnis. Ring-USM.

EF 28-135mm 1:3,5-5,6 IS USM (45-216mm)
Beliebtes Universalzoom mit optischem Bildstabilisator. Durch den Brennweitenfaktor 1,6 erfährt der Bildstabilisator einen noch größeren Nutzen. Für den Tele- und Portraitfreund ein gutes Universalzoom mit guter optischer Leistung. Mit Ring-USM.

EF 28-200 1:3,5-5,6 USM (45-320mm)
Universalzooms mit einem derartig großen Zoombereich stellen immer einen Kompromiss dar. Für ein Zoom dieser Klasse besitzt es eine gute Abbildungsleistung. Wer hohe Ansprüche stellt, sollte den Zoombereich auf zwei Zooms aufteilen. Neu nur noch mit Mikro-USM zu bekommen, gebraucht aber auch als preiswerte Variante ohne USM.

Produktfotos: Canon

EF 28-300mm 1:3,5-5,6L IS USM (45-480mm)
Keine Regel ohne Ausnahme: mit einem zehnfachen Zoombereich und Bildstabilisator wartet das neue EF 28-300mm 1:35,-5,6L IS USM mit sehr guter, professioneller optischer Leistung auf. Das „L" in der Objektivbezeichnung und das weiße Antlitz deuten aber auch auf einen sehr hohen technischen Aufwand, gepaart mit einem sehr hohen Preis hin. In der professionellen Reportagefotografie wird dieses Objektiv sicher seinen Stammplatz finden. Im Zusammenspiel mit einem Brennweitenfaktor von 1,6 macht der optische Bildstabilisator doppelt Sinn. Freihändiges Fotografieren in maximaler Telestellung sollte mit einer 1/60 Sekunden noch machbar sein. Erstaunliche Naheinstellung von 70 cm über den gesamten Bereich. Schiebezoom. Ring-USM, Spritzwasser- und Staubschutz.

Telezooms

EF 55-200mm 1:4,5-5,6 USM II (88-320mm)
Gute Ergänzung zum EF-S18-55mm, wobei dieses Telezoom auch mit allen anderen EOS-Modellen durch eine vollformatige Konstruktion einsetzbar ist. Das Objektiv ist sehr leicht und kompakt, die optische Qualität ist für ein 4fach-Zoomobjektiv sehr ordentlich, vor allem, wenn man den günstigen Preis bedenkt. Ein guter Reisebegleiter. Naheinstellung nur 1,2 Meter. Mikro-USM, Kunststoffbajonett. Angesichts des gleichen Preises ist für Kameras mit EF-S-Anschluss das EF-S 55-250mm 1:4-5,6 die deutlich bessere Wahl.

EF-S 55-250mm 1:4-5,6 IS (88-400mm)
Das brandneue Universal-Telezoom der EF-S-Reihe bietet neben kompakten Abmessungen einen optischen Bildstabilisator, der bis zu vier Belichtungsstufen kompensiert und automatisch Schwenkbewegungen erkennt. Durch eine UD-Linse ist die Abbildungsqualität sehr hoch, vergleichbar mit dem EF 70-300mm IS. Sehr gute Naheinstellung von nur 1,1 Metern. Überaus preiswert, sicher die erste Wahl für kostenbewusste Anwender. Kunststoffbajonett. Ideale Ergänzung zum EF-S 18-55mm IS. Passt nicht an EOS 30D, 60D,10D und 1D-Modelle.

EF 70-200mm 1:4,0L USM (112-320mm)
Relativ leichtes Telezoom der L-Serie mit exzellenten Abbildungseigenschaften. Durch Verzicht auf Lichtstärke konnte es im Vergleich zum EF 70-200mm 1:2,8L IS USM wesentlich kleiner und leichter konstruiert werden, die Abbildungsqualität ist mindestens ebenbürtig! Geringe Verzeichnung. Wer auf Lichtstärke und Bildstabilisator verzichten kann, bekommt hier ein phantastisches Telezoom, das die Qualitäten der digitalen EOS voll ausreizt. Ideal als Ergänzung zum EF 17-40mm L USM. Naheinstellung nur 1,2 Meter. Ring-USM. Staub- und Spritzwasserschutz.

EF 70-200mm 1:4,0L IS USM (112-320mm)
Schwestermodell zum EF 70-200mm 1:4L USM mit optischem Bildstabilisator (4 Belichtungsstufen ausgleichend) bei gleichen Abmessungen. Ideales, leichtes Reise-Telezoom mit optischen Bestleistungen. Schneller AF, gute Naheinstellgrenze. Ist jeden Cent wert!

Durch den optischen Bildstabilisator IS gewinnt man eine Verwacklungsreserve von bis zu vier vollen Verschlusszeitenstufen.

EF 70-200mm 1:2,8L IS USM (112-320mm)
Der Klassiker bei den Profis! Hohe Lichtstärke, Top-Abbildungsleistung, stabile Fassung. Leider groß, schwer und teuer. Die hohe Lichtstärke und der Bildstabilisator erbringen aber eine große Reserve bei Aufnahmen unter schlechteren Lichtbedingungen und ermöglichen Fotos in Situationen, in denen man mit anderen Objektiven schon kapitulieren muss. Nicht ohne Grund ist es bei den Reportage-Profis derart beliebt. Ausgesprochen solide Fassung mit abnehmbarem Stativring - für gut austarierte Kamera/Objektivkombination am Stativ. Naheinstellung 1,4 Meter. Ring-USM, Staub- und Spritzwasserschutz.

EF 70-300mm 1:4,5-5,6 DO IS USM (112-480mm)
Das zweite Objektiv mit DO-Linsentechnologie vereint einen großen Brennweitenbereich mit einem Bildstabilisator und einer Baulänge knapp 10 cm. Die optische Qualität wird auch professionellen Ansprüchen gerecht, liegt aber minimal hinter den Objektiven der L-Serie zurück. Im langen Telebereich etwas kontrastärmer als die L-Serien-Pendants. Die Naheinstellung liegt bei nur 1,4 Metern. Preislich liegt das Objektiv zwischen dem EF 100-400mm L IS USM und dem preiswerten EF 70-300mm IS USM. Es ist daher eine gute Empfehlung, wer hohe Bildqualität sucht, auf sehr hohe Lichtstärke verzichten kann und geringe Abmessungen wünscht. Sicherlich ein sehr gutes Objektiv für Reiselustige. Mit Ring-USM.

Produktfotos: Canon

EF 75-300mm 1:4-5,6 (120-480mm)
EF 75-300mm 1:4-5,6 USM (120-480mm)
Ein sehr beliebtes 4fach-Zoomobjektiv bei analogen Kameras. Sehr preiswert bietet es eine ordentliche Qualität, die aber die Leistung der zuvor genannten Telezooms nicht erreicht. Die Naheinstellgrenze liegt bei sehr guten 1,5 Metern. Recht kompakt und leicht.
Mit Blick auf den Brennweitenfaktor 1,6 und die Brennweitenwirkung von knapp 500mm, empfehle ich in dieser Leistungsklasse daher die folgende Variante mit Bildstabilisator. Mit und ohne Mikro-USM.

EF 70-300mm 1:4-5,6 IS USM (112-480mm)
Sehr beliebt ist dieses 4fach-Telezoom. Gerade der Bildstabilisator macht bei diesem Brennweitenbereich im digitalen Einsatz

viel Sinn. Die optische Leistung des neu gerechneten Objektivs und das Preis/Leistungsverhältnis sind sehr gut. Wer noch bessere optische Leistung nutzen möchte, muss zum doppelt so teuren EF 70-200mm 1:4L IS USM greifen. Mit Mikro-USM.

EF 90-300mm 1:4,5-5,6 (144-480mm)

Sehr verwandt mit dem EF 75-300mm ist es durch den etwas reduzierten Brennweitenbereich etwas kleiner und leichter geraten. Sehr gute Naheinstellgrenze von 1,5 Metern. Die optische Qualität ist ordentlich. Ein guter und preiswerter Einstieg in die Telezoom-Klasse. Durch den Brennweitenfaktor 1,6 bedingt werden Sie aber den Bildstabilisator vermissen und etwas öfter zum Stativ greifen müssen. Kunststoffbajonett.

EF 100-300mm 1: 4,5-5,6 USM (160-480mm)

Das EF 100-300mm ist ein sehr universelles Telezoom. Bedingt durch den Ring-USM stellt es spürbar schneller scharf als das EF 75-300mm und das EF 90-300mm. Freunde der Action-Fotografie werden dies zu schätzen wissen. Die optische Leistung ist auf vergleichbarem Niveau. Naheinstellgrenze auch hier 1,5 Meter. Ein Bildstabilisator wird sicherlich auch hier des Öfteren vermisst werden. Ring-USM.

EF 100-400mm 1:4,5-5,6L IS USM (160-640mm)

Top-4fach-Zoom mit exzellenter Schärfe- und Kontrastleistung. Relativ groß, schwer und teuer. Schiebezoom. Wer auf eine hohe Lichtstärke verzichten kann, erhält mit diesem Objektiv ein sehr universelles Telezoom mit Abbildungsleistungen, die ganz nah an den Festbrennweiten der L-Serie liegen. Vergleichsweise niedrige Verzeichnung, wenn auch nicht mit Festbrennweiten vergleichbar. Es spielt in der gleichen Liga wie die beiden 70-200mm-Zooms der L-Serie. Naheinstellgrenze nur 1,8 Meter. Ring-USM.

Knackscharf: das preiswerte EF-S 55-250mm 1:4-5,6 IS, hier in Telestellung.

Spezialitäten

Einige Objektive nehmen aufgrund ihrer besonderen Konstruktion oder Einsatzgebiete eine Sonderstellung im Canon-Objektivprogramm ein.

Makroobjektive

EF 50mm 1:2,5 Compact Macro (80mm)
Tolles Makroobjektiv mit exzellenter optischer Leistung. Im Zusammenspiel mit einer digitalen EOS wird es zum Portrait-Makro. Dank seiner recht hohen Lichtstärke auch für schlechte Lichtverhältnisse oder zum Gestalten mit selektiver Schärfe geeignet. Maximaler Abbildungsmaßstab ist 1:2, der durch einen speziell abgestimmten, optionalen Life-Size-Converter auf 1:1 erweitert werden kann. Etwas langsamer Autofokus. Fast verzeichnungsfrei. Sehr preiswert. Kein USM.
Die beiden Makro-Blitzgeräte MR-14EX und MT-24EX können ohne Adapter direkt an dem Objektiv befestigt werden.

EF-S 60mm 1: 2,8 USM Macro (96mm)
Die EF-S-Variante des beliebten 100mm Macro USM mit vergleichbarer Top-Abbildungsleistung. Sehr schneller Autofokus dank Ring-USM. Abbildungsmaßstab bis 1:1. Relativ hohe Lichtstärke. Gerne eingesetzt in der Portrait- und Sachfotografie. Fast verzeichnungsfrei. Preiswert.
Passt nicht an EOS D30, D60,10D und 1D/5D-Modelle.
Bessere Alternative zum EF 50mm Macro, wenn keine Vollformat-EOS vorhanden ist.
Die beiden Makro-Blitzgeräte MR-14EX und MT-24EX können ohne Adapter direkt an dem Objektiv befestigt werden.

EF 100mm 1: 2,8 USM Macro (160mm)
Tolles Tele-Makroobjektiv mit exzellenter optischer Leistung. Sehr schneller Autofokus dank Ring-USM. Relativ hohe Lichtstärke. Gerne eingesetzt in der Portrait- und Sachfotografie. Durch die lange Brennweite auch hervorragend geeignet für Aufnahmen von Kleinlebewesen, deren Fluchtdistanz nicht unterschritten werden soll. Fast verzeichnungsfrei.
Die beiden Makro-Blitzgeräte MR-14EX und MT-24EX können ohne Adapter direkt an dem Objektiv befestigt werden.

Produktfotos: Canon

EF 180mm 1:3,5L USM Macro (288mm)
Langes Tele-Makroobjektiv für professionellen Anspruch. Exzellente optische Leistung, aber relativ teuer. Durch den Brennweitenfaktor 1,6 fast schon zu langbrennweitig, das EF 100mm Macro USM übernimmt hier die Rolle des 180mm Objektivs. Dennoch, für Spezialisten uneingeschränkt empfehlenswert. Mit Ring USM und integrierter Stativschelle. Für die beiden Makro-Blitzgeräte MR-14EX und MT-24EX wird ein Macro Lens Adapter Ring 67mm benötigt, um diese am Objektiv zu befestigen.

MP-E 65mm 1:2,8 Lupenobjektiv
Ein spezielles Lupenobjektiv, das ein Balgengerät ersetzt. Es deckt die Abbildungsmaßstäbe 1:1 bis 5:1 ab und lässt sich nicht auf Unendlich fokussieren. Es setzt da an, wo die anderen Makroobjektive aufhören. Kein Autofokus. Die Abbildungsqualität ist hervorragend, Einschränkungen bei Belichtungsfunktionen gibt es keine. Ein Objektiv für spezialisierte Makrofotografen oder für technisch-wissenschaftliche Anwendungen.

Softfokus-Objektiv

EF 135mm 1:2,8 Soft Focus (216mm)
Das Softfokus-Objektiv stellt eine echte Besonderheit dar. Über zwei verschiedene Stufen und die Wahl der Blende können unterschiedlich starke Weichzeichnereffekte erzeugt werden. Das Ergebnis sind duftige Ergebnisse mit scharfen Konturen, die von weichen, überstrahlten Konturen überlagert werden. Dieser optische Effekt lässt sich nicht durch digitale Effekte simulieren! Diese Effekte finden hauptsächlich in der Portraitfotografie ihren Einsatz, können aber auch in der Makrofotografie sinnvoll genutzt werden. Der Weichzeichnungseffekt ist auch abschaltbar, so dass Gegnern von Weichzeichnungseffekten ein

Der Softfokus-Effekt ist beim EF 135 mm 1:2,8 SF einstellbar.

Produktfotos: Canon

klassisches Teleobjektiv mit guten Abbildungseigenschaften zur Verfügung steht. Der Preis ist ohnehin niedriger als bei den meisten Mitbewerbern – ohne die Weichzeichnungsfunktion! Es ist leicht und kompakt, der Autofokus ist etwas langsam. Kein USM.

Fischauge

EF 15mm 1:2,8 Fisheye
Das Fischauge deckt mit vollformatigen Kameras einen diagonalen Bildwinkel von 180° ab, allerdings geschieht dies mit erheblicher, tonnenförmiger Verzeichnung. Wegen dieser charakteristischen Verzeichnung wird diese Objektiv Gattung auch Fischauge genannt. Im Zusammenspiel mit den digitalen EOS-Modellen ergibt sich durch den Faktor 1,6 weder ein so dramatischer Bildwinkel, noch eine vergleichbar starke Verzeichnung. Dennoch ist der Bildwinkel erstaunlich groß. Ein Objektiv für Spezialisten, nicht jedermanns Geschmack. Kein USM.

Die Fisheye-Aufnahme links zeigt einen etwas größeren Bildwinkel als die rechte Aufnahme, die mit dem EF 14mm 1:2,8L USM erstellt wurde. Den größeren Bildwinkel erkauft man sich jedoch über die starke tonnenförmige Verzeichnung, die für Fisheye-Objektive typisch ist.
Allerdings fällt dieser Effekt durch den Brennweitenfaktor geringer aus als beim vollen Kleinbildformat. Bei Landschaftsmotiven fällt der Fisheye-Effekt möglicherweise gar nicht unangenehm auf.

Objektiv getiltet.

TS-E-Objektive

TS-E steht für Tilt/Shift. Mit Tilten beschreibt man eine Neigebewegung des Objektivs, die zu einer Neigung der Schärfenebene führt, die sonst immer senkrecht zur optischen Achse liegt. Dadurch kann man entweder die Schärfentiefe bei vielen Objektiven ohne Abblenden erhöhen bzw. mit Abblenden eine erheblich größere Tiefenschärfe erzielen. Oder aber – indem der Effekt in die „verkehrte" Richtung genutzt wird – zu einer drastischen Verringerung der Schärfentiefe nutzen.

Unter Shiften versteht man eine Bewegung des Objektivs parallel zur optischen Achse. Jeder kennt das Problem: Um ein Gebäude von unten betrachtet vollständig aufs Bild zu bekommen, muss die Kamera nach oben geneigt werden – das Ergebnis sind schräge, nach hinten umfallende Gebäude. Diesen Effekt nennt man stürzende Linien. Mit Shiftobjektiven wird anders gearbeitet: Die

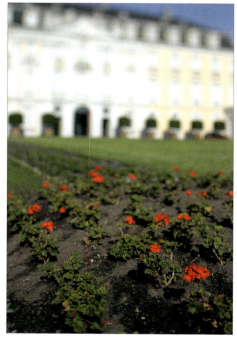

Links: mit optimaler Tilt-Einstellung ließ sich dieses Motiv bei Blende 3,5 mit dem TS-E 24mm L von vorne bis hinten scharf abbilden.

Rechts: durch bewusstes Schwenken in die falsche Richtung ist die Schärfentiefe minimiert worden. Beide Effekte kann man mit konventionellen Objektiven nicht erzielen.

OBJEKTIVSYSTEM

Objektiv geshiftet.

Oben: Normale Aufnahme mit leicht nach oben geneigter Kamera – das Gebäude kippt nach hinten weg, senkrechte Linien sind schräg.

Mitte: Kamera wurde horizontal gehalten, die Linien bleiben senkrecht, aber das Gebäude ist abgeschnitten.

Unten: mit vertikaler Shift-Verstellung ist das Gebäude optimal im Bild platziert, ohne stürzende Linien zu zeigen. Alle senkrechten Linien bleiben senkrecht.

Kamera wird zuerst gerade ausgerichtet, wobei das Motiv noch oben abgeschnitten erscheint. Dann wird das Objektiv nach oben geschoben – geshiftet –, so dass das Hauptmotiv nun voll erfasst wird, und zwar ohne stürzende Linien und ohne Kompromisse in der Bildqualität!

Den Shift-Effekt können Sie mit Hilfe der Bildbearbeitungssoftware, sofern man geringe Verluste in der Bildqualität hinnimmt, auch digital erzeugen – mehr dazu in einem späteren Kapitel. Den Tilt-Effekt jedoch können Sie nicht digital erzeugen, er funktioniert nur optisch!

Allen TS-E-Objektiven ist gemein, dass sie nur manuell fokussierbar sind. Eine Besonderheit ist die vollständige Beibehaltung aller weiteren Automatikfunktionen – der elektronischen Blendensteuerung sei Dank. Damit man die Tilt- und Shift-Ebene dem Motiv anpassen kann, ist das Objektiv um 360° drehbar gelagert.

Alle TS-E-Objektive arbeiten auf technisch höchstem Niveau und sind entsprechend kostspielig. Sie unterscheiden sich in erster Linie durch die Anwendung. Wer sich allerdings auf Architekturfotografie oder Table-Top-Fotografie spezialisiert, für den lohnt sich die Anschaffung durchaus.

TS-E 24mm 1:3,5L (38mm)
Die Hauptanwendung liegt hier in der Architektur-, Modell- und Landschaftsfotografie.

TS-E 45mm 1:2,8 (72mm)
Der Schwerpunkt in der Anwendung ist hier die Table-Top- und Modellfotografie, ferner Architekturfotografie.

TS-E 90mm 1:2,8 (144mm)
Sehr häufiges Einsatzfeld ist die Portraitfotografie, da man durch den Tilt-Mechanismus mit der Schärfe spielen kann. Auch in der Sachfotografie beliebt.

Vorschläge für sinnvolle Kombinationen

Gerade am Anfang der Hobbyfotografen-Karriere ist es schwierig, eine praxisgerechte und vernünftige Objektivausrüstung zusammenzustellen. Die folgenden – subjektiven – Vorschläge für harmonische Objektivkombinationen sollen eine kleine Anregung geben und sind keineswegs erschöpfend.

Kostengünstige Objektiv-Ausrüstung
Low-Budget, aber nicht Low-Quality!
>EF-S18-55mm 1:3,5-5,6 IS
>EF-S 55-250mm 1:4-5,6 IS
>EF 50mm 1:1,8

Gehobene Mittelklasse für Telefreunde
Auf Reisen oder beim Portraitieren im Studio wird diese Kombination auch anspruchsvollen Fotografen gerecht.
>EF-S 10-22mm 1:3,5-4,5 USM
>EF-S 17-85mm 1:3,5-5,6 IS USM
>EF 70-300mm 1:4,5-5,6 IS USM
>oder EF-S 55-250mm 1:4-5,6 IS
>EF 50mm 1:1,4 USM

Top-Ausrüstung für die Reisefotografie
Super Reiseausrüstung mit riesigem Brennweitenbereich, Profi-Bildqualität und relativ wenig Ballast, ohne auf wichtige Motive verzichten zu müssen.
>EF 17-40mm 1:4L USM
>oder EF-S 17-55mm 1:2,8 IS USM
>EF 70-300mm 1:4,5-5,6 DO IS USM
>EF 35mm 1:2 oder EF 50mm 1:1,4 USM

Top-Qualität, moderater Preis
Mehr Bildqualität bei überschaubaren Kosten geht bei Canon nicht.
>EF 17-40mm 1:4L USM
>oder EF-S 17-55mm 1:2,8 IS USM
>EF 70-200mm 1:4L (IS) USM
>EF 50mm 1:2,5 Compact Macro
>oder EF 24-105mm 1:4L IS USM

Für Architekturfreunde
Festbrennweiten und lichtstarke Top-Objektive sorgen für professionelle Ergebnisse in der Architekturfotografie.
> EF 17-40mm 1:4L USM
> TS-E 24mm 1:3,5L
> EF 50mm 1:2,5 Compact Macro
> EF 85mm 1:1,8 USM
> EF 135mm 1:2,0L USM

Universalausrüstung mit EF-S-kompatibler EO**S**
Tolle Ausrüstung für die Reise- und kreative Fotografie, die fast alle Themenbereiche abdeckt. Architekturfreunde würden vielleicht noch das TS-E 24mm 1:3,5 ergänzen.
Für engagierte Amateure noch vertretbare Kosten.
> EF-S 10-22mm 1:3,5-4,5 USM
> EF-S 17-85mm 1:4-5,6 IS USM
> EF 70-200mm 1:4L IS USM (+ 1,4x Extender)
> EF 28mm 1:1,8 USM oder EF 35mm 1:2

Telekonverter

Canon nennt seine beiden Telekonverter im Objektivprogramm „Extender". Sie verlängern die Brennweiten um den Faktor 1,4 bzw. Faktor 2, reduzieren aber Prinzip bedingt die Lichtstärke um einen bzw. zwei Blendenwerte. Die Canon-Telekonverter passen nicht an alle Objektive, vornehmlich die Teleobjektive ab 135mm der L-Serie und ein paar „weiße" Zooms. Eine Verschlechterung der Abbildungsqualität ist so gering, dass es in der Praxis keine Rolle spielt. Wer nur selten extreme Telebrennweiten nutzt oder sehr auf geringes Gewicht achten muss, findet in den Konvertern eine praxisgerechte Lösung.

Achtung: Der Autofokus der hier besprochenen EOS-Modelle arbeitet nur bis zu einer Lichtstärke von 1:5,6. Mit 1,4fach-Extender werden Sie bei Objektiven mit einer Lichtstärke schlechter als 1:4,0 den Autofokus nicht mehr nutzen können. Beim 2fach-Extender darf die Lichtstärke dann den Wert 1:2,8 nicht unterschreiten. Konverter anderer Hersteller bieten eventuell die Möglichkeit, Objektive zu nutzen, die mit Canon Extendern nicht einsetzbar sind.

OBJEKTIVSYSTEM

Aufnahme aus der Hand von Kormoranen. EF 400mm DO IS USM und 2x-Extender.
Durch die Reduzierung der Lichtstärke auf Blende 8 musste manuell fokussiert werden.

Streulichtblenden

Bitte setzen Sie die passenden Streulichtblenden ein! IMMER! Nicht nur, dass sie bei Seitenlicht die optische Qualität der Bilder erhöhen, sie sind auch ein guter Schutz gegen kleinere Stöße und vermeiden Beschädigungen der Frontlinse.

Zwischenringe

Von Canon werden zwei Zwischenringe angeboten, mit 12 mm bzw. 25 mm Länge. Sie erweitern die Naheinstellgrenze, wenn auch oft nicht lückenlos, und funktionieren mit fast allen EF-Objektiven (für EF-S-Objektive wird die aktuelle Variante EF12 II und EF25 II benötigt).

Zwischenringe werden zwischen Objektiv und Kamera gesetzt. Sie haben bei Weitwinkelobjektiven einen starken Effekt auf die Naheinstellgrenze, bei Teleobjektiven einen eher geringeren. Beim Einsatz von Zwischenringen bleiben die Automatikfunktionen voll erhalten. Zwischenringe stellen außerdem auch noch eine preislich interessante Lösung dar – besonders für alle diejenigen, die sich nur ab und zu in den Makrobereich wagen. Auch zu Nahlinsen sind sie eine gute Alternative. Der kleine, preiswerte Zwischenring EF12 II sollte in keiner Ausrüstung fehlen, da er den Einsatzbereich der Objektive sinnvoll und günstig erweitert.

Ob die Zwischenringe kompatibel sind und welchen Entfernungs- und Maßstabsbereich die Zwischenringe abdecken, finden Sie in der kleinen Anleitung, die den Objektiven beiliegt.

Balgengerät

Wer näher an ein Motiv heran möchte, als es mit Zwischenringen möglich ist, für den bietet die Firma Novoflex eine interessante Lösung an: ein Balgengerät mit elektronischer Blendenübertragung, so dass weiterhin sehr komfortabel gearbeitet werden kann. Nur auf die Autofokusfunktion muss verzichtet werden, was in Anbetracht der erzielten Abbildungsmaßstäbe und Aufnahmeabstände verschmerzbar ist. Der Einsatzbereich des EF 50mm Compact Macros und auch vieler anderer Objektive kann so deutlich erweitert werden. Zooms und Objektive, die nicht für

OBJEKTIVSYSTEM

Balgengerät Balcan-AF von Novoflex.
Foto: Novoflex

den Nahbereich ausgelegt sind, werden allerdings in der Abbildungsqualität im Zusammenspiel mit dem Balgengerät deutlich nachlassen.

Adapter und mehr

Wer im Gebrauchtangebot bei Händlern oder im Internet stöbert, findet noch mit etwas Glück die Canon-Adapter zum Einsatz von FD-Objektiven mit EOS-Kameras. Man kann mit Zeitautomatik oder manueller Belichtungsregelung arbeiten, allerdings funktionieren diese Adapter wie ein Zwischenring – man kann nicht mehr auf „Unendlich" einstellen! Für Besitzer älterer Makroobjektive ist diese Möglichkeit aber sicher eine brauchbare Übergangslösung. Nicht wirklich zu empfehlen sind Adapter mit Linsensystem, die den Einsatz auf "Unendlich" ermöglichen sollen. Qualitativ sind diese Adapter zweifelhaft.

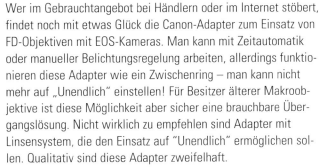

Wer Besitzer von Nikon-; Contax-, Leica-R- oder M42-Objektiven ist, hat Glück: Mit entsprechendem Adapter z.B. von der Firma Novoflex lassen sich auch diese Objektive adaptieren - freilich nur mit Arbeitsblende und ohne Autofokus. Aber so bleibt eventuell ein geliebtes Stück weiter im Einsatz. Richtig Spaß machen die Quetschobjektive "Lensbabies".

Tessar von Carl Zeiss Jena DDR mit M42-Anschluss auf EOS 40D.

*Links: Shift-Objektiv Carl Zeiss PC-Distagon 35mm 1:2,8 auf EOS 450D
Rechts: Lensbaby auf EOS 450D. Mehr zu den witzigen Teilen unter www.lensbabies.de*

Blitz optimal einsetzen

Neben dem eingebauten Blitz bietet das Canon System eine Fülle von externen Blitzgeräten und Zubehör. Die Vorteile und Einsatzmöglichkeiten sollen an dieser Stelle kurz aufgezeigt werden.

E-TTL-Blitztechnologie

Sämtliche Speedlites der EX-Serie sowie auch die internen Blitzgeräte der EOS arbeiten mit der Canon E-TTL-Methode. Beim Einsatz der E-TTL-Technik wird kurz vor der Aufnahme von der Kamera ein in der Intensität reduzierter Blitz abgegeben. Die integrierte Messelektronik analysiert nun die Wirkung des Blitzes auf das

*Oben: ohne E-TTL-Messung.
Mitte: mit E-TTL-Messung und Blitzmesswertspeicherung auf das Gesicht..
Unten: wie Mitte, aber mit langer Verschlusszeit 1/15s.*

Hauptmotiv: Kontrast und Belichtung werden in den einzelnen Messfeldern gemessen. Dabei werden die Messergebnisse der Dauerlichtmessung ebenfalls mit berücksichtigt, was sehr ausgewogene Ergebnisse zur Folge hat. Bei der E-TTL II Methode, die zur E-TTL-Messung kompatibel ist, wird zusätzlich eine vom Objektiv gelieferte Entfernungsinformation in die Kalkulation der Blitzlichtmenge einbezogen. Die meisten Canon Wechselobjektive übermitteln diese Information (siehe auch Tabelle im Anhang). Der Einfachheit halber werden beide Technologien im weiteren Verlauf als E-TTL-Messung bezeichnet. Nach dieser sehr komplexen Analyse wird nun der eigentliche Blitz für die Bildbelichtung abgefeuert. Das E-TTL-Messsystem hat den Vorteil, dass auch schwierige Motive, Gegenlicht- und Mischlichtsituationen korrekt gemessen werden.

Gerade beim indirekten Blitzen oder beim Einsatz von Zusatzreflektoren ist E-TTL eine wertvolle Hilfe. Den Messblitz können Sie auch über die Sternchen-Taste manuell abfeuern. Dadurch haben Sie die Möglichkeit, zusammen mit der Selektivmessung konkrete Motivbereiche gezielt anzumessen und die Blitzbelichtung darauf abzugleichen. Das ist ideal bei Portraits und Motiven, die sich nicht in der Bildmitte befinden. So lassen sich ebenfalls gezielt bleiche Gesichter verhindern.

Wichtig: die E-TTL Messung arbeitet bei der Belichtungsmessung mit den Autofokusmessfeldern zusammen. Die Gewählten AF-Messfelder geben der Blitzlichtmessung die Information, welche Motivbereiche wichtig sind. Wer das erste Mal mit der E-TTL-Methode arbeitet, macht oft einen klassischen Bedienfehler: Bei einem außermittigen Motiv wird mit dem mittleren AF-Messfeld das Motiv angemessen, die Schärfe gespeichert und das Bild neu komponiert. Der AF-Messpunkt liegt danach nicht mehr auf dem Motiv, sondern wieder in der Bildmitte. Die Blitzbelichtung wird nun aber auf die Bildmitte ausgerichtet, weil hier das aktivierte AF-Messfeld liegt, und misst einen falschen Bereich des Bildes. Nutzen Sie hier die automatische Messfeldwahl oder feuern Sie einen Testblitz mit der Sternchentaste ab. So gewährleisten Sie, dass der wirklich relevante Bereich des Bildes für die Blitzbelichtung gemessen wird!

Fotografieren mit Blitz

Wie in der konventionellen Fotografie sind Blitzaufnahmen auch in der digitalen Praxis nicht ganz einfach.

Das E-TTL-System bietet eine Fülle an Steuerungsmöglichkeiten für den Blitz. Als erstes muss man sich darüber im klaren sein, welchem Konzept das E-TTL-System folgt, denn diese Erkenntnis ist entscheidend für die Anwendung! Während üblicherweise bei der Blitzbelichtung der Blitzeinsatz sehr präsent im Bild zu sehen ist, versucht die E-TTL-Messung so lange es möglich ist, den Blitz nur zum Aufhellen zu nutzen und das vorhandene Umgebungslicht in die Belichtung maximal einzubeziehen! Das sorgt anfangs immer für den Eindruck, d e Kamera würde beim Blitzen zur Unterbelichtung neigen, da der Blitzeinsatz oft nur gering zu erkennen ist. Das ist aber nicht ganz richtig, denn - wie gesagt - der moderate Blitzeinsatz ist das eigentliche Konzept hinter der E-TTL-Messung.

Durch die Wahl des entsprechenden Belichtungsprogramms können Sie nun gezielt Einfluss auf die Wirkung des Blitzes nehmen:

P (Programm), Grüne Welle, Motivprogramme

Reicht das Licht bei den gewählten Programmen aus, um eine 1/60 Sekunde plus Blende 4,0 oder bessere Werte zu erzielen, setzt die E-TTL-Messung den Blitz nur als Aufhellblitz ein. Erst wenn die Kamera ein Dauerlicht misst, das Blende 4,0 und die

Typische Wirkung unterschiedlicher Blitzmethoden:
Links: Belichtung mit Programmautomatik P (1/60s, Blende 4). Die Lichtsituation wirkt kalt, die Schlagschatten sind hart. Das Umgebungslicht hat kaum Anteil an der Belichtung.

Manuelle Belichtung mit M, etwa eine Blende unterbelichtet mit 1/15, Blende 2,5. Die E-TTL-Blitzautomatik sorgt zuverlässig für eine korrekte Belichtung. Man hat selbst in der Hand, wieviel Umgebungslicht im Bild erhalten werden soll. Der Lichtcharakter bleibt wie gewünscht erhalten, die Schatten sind weicher und weniger störend.

60stel nicht mehr erzielen kann, bleibt die EOS auf diesen Belichtungswerten stehen und setzt den Blitz dementsprechend stärker ein, um eine korrekte Belichtung zu erzielen. Das hat den Vorteil, dass Sie nicht in eine verwacklungskritische Situation hineinkommen, sie sich aber mit mit der Belichtungssituation nicht auseinandersetzen müssen. Eine ideale Einstellung für den Einstieg oder für Schnappschüsse. Allerdings nutzen Sie das Potenzial der E-TTL-Messung nicht ganz aus.

Zeitautomatik
In dieser Automatikeinstellung nutzt die Kamera den Blitz immer zum Aufhellblitzen! Dabei kann es passieren, dass unter schlechten Lichtbedingungen auch sehr lange Verschlusszeiten erzielt werden, die Sie nicht mehr verwacklungsfrei halten können. Für ein scharfes Hauptmotiv sorgt aber das Blitzlicht. So erzielen Sie eine interessante Lichtsituation, denn das Umgebungslicht wird voll genutzt, die Atmosphäre bleibt weitestgehend erhalten. Möglicherweise wird aber das scharf geblitzte Hauptmotiv von einem verwackelten Hauptmotiv, dass durch das Umgebungslicht belichtet wird, überlagert. Das kann aber durchaus reizvoll sein, da es Dynamik ausstrahlt. Durch die Wahl der Blende können Sie die resultierende Verschlusszeit steuern. In den Custom-Funktionen können Sie im Av-Modus die Belichtungszeit fest auf eine 1/200 setzen - hier verlieren Sie aber dann die reizvollen Gestaltungsmöglichkeiten fast vollständig.

Blendenautomatik
Durch die Wahl einer gezielt langen Verschlusszeit können Sie den Umgebungslichtanteil beeiflussen. Die Kamera steuert dann automatisch die Blende bei. Aus meiner Sicht die uninteresanteste Wahl!

Manuelle Belichtungseinstellung
Die Wahl der Reportageprofis! Auch wenn die Belichtungszeiten und die Blende manuell eingestellt wird, so arbeitet die E-TTL-Messung doch weiterhin als Blitzbelichtungsautomatik! Damit sind Sie auf der sicheren Seite, haben aber die freie Wahl der Belichtungszeit und Blende. Die E-TTL-Automatik steuert dann den Blitz so, dass immer eine ausreichende Belichtung gewährleistet wird. Z.B. kann unter konstanten Lichtbedingungen (z.B. im Festsaal) dann die manuelle Belichtung so eingestellt werden, dass sie 1 Blende unterbelichtet - für den Rest sorgt der Blitz! Dadurch ergeben sich harmonische Blitzbilder, die nicht zum Hin-

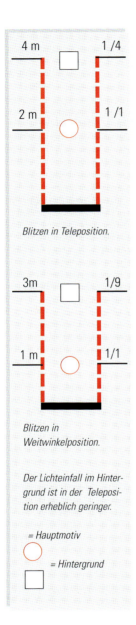

Blitzen in Teleposition.

Blitzen in Weitwinkelposition.

Der Lichteinfall im Hintergrund ist in der Teleposition erheblich geringer.

○ = Hauptmotiv

□ = Hintergrund

tergrund dunkel absaufen, aber auch nicht kunstlicht-gelb erscheinen. Einfach ausprobieren und Erfahrungen sammeln. Mit der ISO-Einstellung haben Sie einen weiteren Hebel in der Hand, die optimale Zeit/Blenden-Kombination zu fnden.

Nutzung längerer Verschlusszeiten beim Blitzen

Die EOS 450D arbeitet in der Vollautomatik mit Zeiten zwischen einer 1/60 und einer 1/200 Sekunde als kürzeste Blitzsynchronzeit beim Blitzen. Das ist relativ kurz und unterdrückt so den Einfluss von vorhandenem Licht auf das Bilderergebnis. Allerdings kann hierbei der für Blitzaufnahmen typische Tunneleffekt – der Hintergrund wird schnell sehr dunkel – auftreten. Soll dieser Effekt nicht auftreten, macht es Sinn, auf die Blendenautomatik Tv umzustellen. Indem Sie eine 1/30 oder gar eine 1/15 Sekunde wählen, wird zusätzlich zum Blitzlicht auch das vorhandene Licht genutzt – die Lichtstimmung bleibt dadurch zum Teil erhalten, der Tunneleffekt bleibt aus. Doch aufgepasst: die recht langen Verschlusszeiten verlangen etwas Disziplin beim Fotografieren! Das Hauptmotiv sollte sich nicht zu wild bewegen, und Sie auch nicht! Denn sonst erhalten Sie trotz Blitzlicht verwackelte Aufnahmen oder Bilder, die wie Doppelbelichtungen aussehen.

Auch hat die Kombination aus Kunstlicht und Blitzlicht eine Auswirkung auf den Farbcharakter des Bildes. Diese Mischlichtsituation führt in der Regel dazu, dass das Bild nicht neutral auszufiltern ist – wenn die Bildstimmung durch diesen Effekt erhalten bleiben soll, ist das aber auch nicht gewünscht. Auch das Erhöhen der ISO-Empfindlichkeit hilft, da so der Umgebungslichtanteil vergrößert wird. Der Effekt, dass bei Blitzaufnahmen der Hintergrund fast schwarz erscheint, lässt sich durch die Wahl einer längeren Brennweite ebenfalls deutlich reduzieren. Hier kommt die Tatsache zum Tragen, dass Licht mit zunehmendem Abstand zum Quadrat abnimmt. Die nebenstehende Skizze zeigt es deutlich. Verwenden Sie, so oft es geht, bei Blitzaufnahmen eine Telebrennweite. Kontrast und Belichtung werden wesentlich angenehmer ausfallen.

Blitzbelichtungskorrektur

Bei der EOS 450D kann man eine spezielle Blitzbelichtungskorrektur für Blitzaufnahmen nutzen. Haben Sie trotz aller Maßnah-

men immer noch überbelichtete Gesichter im Bild, können Sie eine Über- oder Unterbelichtung durch die Belichtungskorrektur kompensieren. Starten Sie am besten mit einer „-1"-Korrektur, das Ergebnis im LCD-Monitor und das Histogramm zeigen Ihnen, ob es die richtige Wahl war oder eine andere Korrektur nötig ist. Bei häufigem Gebrauch kann man sich die Funktion auf die Set-Taste legen.

Aufhellblitzen

Praktisch ist das Aufhellblitzen draußen im Schatten: Sie kompensieren so zum Beispiel zu starke Kontraste – Vorder- und Hintergrund sind gleichermaßen korrekt belichtet. Für den korrekten Mix aus vorhandenem Licht und Blitzlicht sorgt die EOS in allen Belichtungsprogrammen selbsttätig.

Manchmal wirkt das Bildergebnis unter Umständen dann etwas künstlich. Hier hilft eine Reduktion der Blitzleistung um eine Blendenstufe. Oder: Sie nutzen den Aufhellblitz nur subtil und verleihen bei Portraits den Augen zusätzlichen Glanz, in dem der Aufhellblitz um 2 Blenden in der Leistung reduziert wird.

Tipp:
Mischen Sie kühles Schattenlicht mit vergleichsweise warmem Blitzlicht. Portraitfotos wirken dadurch frischer und lebendiger! Der Effekt lässt sich noch steigern, indem Sie ein kleines, warmtoniges Konversionsfilter (Typ KR 1,5 oder KR 3) vor das Blitzgerät (!) halten.

Kurzzeitsynchronisation

Gerade in sehr hellen und kontrastreichen Lichtsituationen macht das Aufhellblitzen Sinn. Das Problem hierbei ist allerdings, dass gerade jetzt die normale Blitzsynchronzeit von z.B. einer 1/125 Sekunde zu relativ starkem Abblenden zwingt – und das besonders bei Portraits die Bildgestaltung einschränkt. Das Fotografieren bei offener Blende erfordert aber kürzeste Verschlusszeiten von einer 1/1000 oder kürzer. Hier kommt nun die Methode der

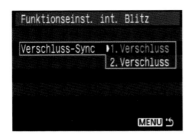

Kurzzeitsynchronisation ins Spiel. Die normale Blitzsynchronisation arbeitet nach dem Prinzip, dass der Verschluss voll geöffnet wird und ein Blitzgerät mit einem kurzen Blitz in diese Phase hineinblitzt. Bei kurzen Verschlusszeiten öffnet sich der Verschluss nicht vollständig, sondern gibt nur einen schmalen Streifen frei, der über das Bildfeld läuft. Bei solchen kurzen Verschlusszeiten kann mit dieser konventionellen Me-thode nicht geblitzt werden, da man so nur einen schmalen Balken belichten würde.

Die Kurzzeitsynchronisation arbeitet genau umgekehrt. Bei den kurzen Verschlusszeiten, die nur einen schmalen Bereich des Bildfeldes freigeben, leuchtet der Blitz so lange, bis der Verschluss das vollständige Bildfeld durchlaufen hat. Das funktioniert prächtig, hat aber einen kleinen Haken: je kürzer die genutzte Verschlusszeit, desto kleiner die Leitzahl des Blitzes. Denn der verliert seine Blitzenergie durch die lange Blitzzeit, im Extremfall in erheblichem Maße. Leitzahlen geringer als 5 sind in Weitwinkelposition und einer 1/2000 Sekunde schnell erreicht! Der Leitzahlverlust ist in der Praxis aber nur halb so wild, da beim Aufhellblitzen in der Regel mit niedriger Leistung geblitzt wird, um den Aufhelleffekt nicht zu sehr zu betonen.

Alle Speedlites der EX-Serie unterstützen die Kurzzeitsynchronisation. In der Bedienungsanleitung des Blitzgerätes gibt es hierfür eine spezielle Leitzahltabelle, um die maximale Reichweite einschätzen zu können.

EOS-Blitzgeräte der EX-Serie

Neben dem eingebauten Blitzlicht kann die EOS 450D auch externe Blitzgeräte nutzen, ohne auf Komfort zu verzichten. Dabei bieten externe Blitzgeräte neben der von der Kamera unabhängigen Stromversorgung und einer hohen Blitzleistung zahlreiche zusätzliche Funktionen. Indirektes Blitzen, Blitzen mit mehreren Blitzgeräten, Kurzzeitsynchronisation und Blitzen über große Entfernungen erschließen sich ebenso wie das optimierte Blitzen in der Makrofotografie durch spezielle Makro-Blitzgeräte.

Ein externes Blitzgerät hat aber noch weitere Vorteile: es erzeugt keine roten Augen! Rote Augen kommen nämlich ausschließlich

Foto: Canon

durch einen zu geringen Abstand zwischen Blitz und Objektiv zustande, da dadurch die Blut durchströmte Netzhaut rot reflektiert. Externe Blitzgeräte verhindern wegen ihrer großen Bauhöhe diesen unerwünschten Effekt. Darüber hinaus erlaubt ein externes Blitzgerät einen wesentlich größeren Einfluss auf die Lichtcharakteristik.

Canon bietet eine große Auswahl an E-TTL-Blitzgeräten an, die sich nicht nur über ihre Leitzahl unterscheiden:

Speedlite 220EX

Der kompakteste Vertreter passt auch in kleine Taschen und leistet eine Leitzahl von 22. Das reicht bei offener Blende und ISO 400 schon für gut 20 Meter, bei ISO 100 und Blende 2,8 immerhin schon für etwa 7 Meter.

Trotz der kompakten Bauweise ist das Speedlite 220EX schon hoch genug, um rote Augen zu verhindern. Es besitzt weder einen Zoomreflektor, noch lässt sich der Reflektor schwenken oder neigen.

Speedlite 430EX

Das Speedlite 430EX besitzt viele Features des 580EX II und hat ein hervorragendes Preis/Leistungsverhältnis. Mit Leitzahl 43 in Telestellung ist es auch für sehr große Räume stark genug. Der neig- und schwenkbare Reflektor mit einem Zoombereich von 24-105 mm Brennweite ermöglicht indirektes Blitzen im Hoch- und Querformat. Die 14mm Streuscheibe erweitert den Einsatzbereich deutlich.

Dieses Blitzgerät ist das preiswerteste Blitzgerät im Canon-Programm, das sich als Slave-Blitz nutzen lässt.

Speedlite 380EX und 420EX

Diese Speedlites befinden sich nicht mehr im aktuellen Lieferprogramm von Canon. Der Zoomreflektor lässt sich beim 420EX nach oben neigen und schwenken der 380EX kann nicht schwenken. Dadurch kann man mit dem 380EX nur querformatige Aufnahmen indirekt ausleuchten. Das 420EX kann man im Slave-Betrieb nutzen.

Wer ein Blitzgerät sucht, das stärker ist als das Speedlite 220EX, oder wer aufsetzbare Soft-Reflektoren nutzen möchte, trifft mit dem 380EX oder dem 420EX keine schlechte Wahl. Gebraucht sind sie sehr günstig.

Speedlite 550EX

Das Speedlite 550EX war vor dem Speedlite 580EX das Profimodell unter den Canon Blitzgeräten, schnell, und mit Leitzahl 55 in Telestellung erfüllt es professionelle Ansprüche. Der Zoomreflektor lässt sich schwenken und neigen. Es besitzt auch etliche weitere Features, z.B. manuellen Betrieb, manuelle Blitzbelichtungskorrektur oder Blitzbelichtungsreihe.

Das 550EX eignet sich als Master-Blitz (siehe Kasten), um weitere Blitzgeräte zu steuern, und kann dadurch auch die Rolle des Transmitters ST-E2 übernehmen.

Speedlite 580EX II und Speedlite 580EX

Das Top-Modell 580 EX II der Speedlite-Reihe bietet als einziges Blitzgerät von Canon einen vollständigen Spritzwasser- und Staubschutz! Leitzahl 58, schnellere Blitzfolgezeiten, verbesserte Ergonomie und eine Streuscheibe für 14mm Objektive – wichtig beim Einsatz des Superweitwinkelzooms EF-S 10-22mm USM – machen das Blitzgerät extrem vielseitig. Um zu konstanten Farbergebnissen zu kommen, überträgt das 580EX II Informationen zur Farbtemperatur an die Kamera.

Die EOS 450D unterstützt die Bedienung des Speedlites über das Kameramenü, inklusive der Custom Funktionen. Komfortabler geht es nicht. Auch sehr effizient: Der Zoomreflektor stellt sich automatisch auf die effektive Brennweite und nicht auf die nominelle Brennweite ein. Eine 28mm Brennweite wird beim Brennweitenfaktor 1,6 folgerichtig nicht mit 28mm ausgeleuchtet, sondern mit 45mm. Das hat eine höhere Lichtausbeute und noch einmal kürzere Blitzfolgezeiten zur Folge. Zum weichen, indirekten Aufhellblitzen ist bereits eine kleine opake Streuscheibe eingebaut.

Gegenüber dem 580EX bietet es außerdem einen klassischen Blitzmesssensor und einen Blitzkabelanschluss, allerdings verzichtet man bei beiden Funktionen dann auf die komfortable E-TTL-Funktion.

Die ausziehbare opake Streuscheibe für weiches Aufhellblitzen.

Macro Ring Lite MR-14EX

Für schattenfreie Nahaufnahmen sind am besten Ringblitzgeräte geeignet. Augenfällig ist die vergleichsweise geringe Leitzahl von 14, aber wegen der kurzen Aufnahmeabstände ist hier weniger mehr. Die Blitzröhre ist zweigeteilt, so dass man mit der linken und rechten Röhre mit unterschiedlicher Blitzleistung arbeiten kann – das sorgt für eine plastischere Ausleuchtung.

Die Einstellmöglichkeiten entsprechen sonst dem Speedlite 550EX. Ein zuschaltbares Einstelllicht ermöglicht die Kontrolle der Beleuchtung im Vorfeld. Beim EF 100mm Macro USM, EF-S 60mm Macro USM und MP-E 65mm kann das Ring Lite direkt am Objektiv angebracht werden.

Auch dieses Blitzgerät ist voll in das E-TTL-System integriert und eignet sich als Master-Blitz (siehe Kasten), um weitere Blitzgeräte zu steuern. Zusammen mit den Speedlites 580 EX II, 580EX, 550EX und 420EX kann man Makroaufnahmen interessant und natürlich wirkend ausleuchten.

Macro Twin Lite MT-24EX

Wie das MR-14EX ist das Twin Lite ein Spezialist für Makroaufnahmen. Es sollte eingesetzt werden, wenn keine schattenfreie, sondern eher eine harte und plastische Ausleuchtung gefragt ist. Für eine gezielte Steuerung der Lichtcharakteristik lassen sich die beiden Blitzarme getrennt voneinander bewegen und die Reflektoren neigen.

Auch die Lichtintensität der beiden Reflektoren kann wie beim Macro Ring Lite getrennt geregelt werden. Adaptiert wird es wie das MR-14EX. Wie das 580EX (II) , 550EX und das MR-14EX eignet es sich als Master-Blitz.

Außer Frage: Für jeden findet sich im Canon Portfolio das richtige Blitzgerät. Wichtig bei der Kaufentscheidung: Wenn Sie sich eventuell für einen Blitz eines Fremdherstellers entscheiden, sollten Sie die E-TTL-Kompatibilität überprüfen. Aber eines ist so gut wie sicher – die Kompatibilität zum kabellosen Blitzen im Verbund mit anderen Speedlites geben Sie dann höchstwahrscheinlich auf.

Indirektes Blitzen

Mit dem eingebauten Blitz und dem 220EX kann nur direkt frontal geblitzt werden. Es entstehen die zwar sehr klaren, aber doch etwas künstlich wirkenden Blitzaufnahmen. Die 380EX, 420EX, 550EX und 580EX (II) Speedlites ermöglichen außerdem das so genannte indirekte Blitzen.

Durch den eingebauten Schwenkreflektor können Sie z.B. indirekt an die Decke blitzen – die Ausleuchtung wird dadurch erheblich weicher. Doch achten Sie bitte darauf, dass die Decke weiß ist, sonst handeln Sie sich einen erheblichen Farbstich ein. Auch sollte die Decke nicht höher als 3,5 Meter sein, da sonst die Reichweite des Blitzes nicht mehr ausreicht. Durch das indirekte Blitzen verringert sich die Reichweite des Blitzes erheblich. Zum einen, weil die Decke das Licht stark streut und damit die Intensität verringert, zum anderen weil sich durch das indirekte Blitzen der Lichtweg deutlich verlängert – schließlich muss das Licht erst bis zur Decke und dann wieder zurück. Diese Faktoren sind auch der Grund dafür, dass beim 220EX auf einen solchen Schwenkreflektor verzichtet wurde.

Ein weiterer Vorteil des indirekten Blitzens ist die Verringerung des Tunneleffektes: Beim indirekten Blitzen nimmt die Helligkeit im Hintergrund nicht so rapide ab wie beim direkten Blitzen.

Tipp:
Zum indirekten Blitzen im Hochformat muss das Blitzgerät in der Lage sein, den Reflektor nicht nur neigen, sondern auch schwenken zu können. Das Speedlite 380EX, bei dem sich der Reflektor nur nach oben kippen lässt, ist daher nur in der Lage, Motive im Querformat indirekt zu blitzen.

Tipp:
Falls keine entsprechende Decke zum indirekten Blitzen zur Verfügung steht oder Sie gar draußen weich ausleuchten wollen, können Sie auf eine Vielzahl von Zusatzreflektoren zurückgreifen, die einfach an den Speedlites befestigt werden. Sie stellen den Reflektor des Blitzgerätes senkrecht, der Zusatzreflektor lenkt das Licht über seine weiße Fläche im 45°-Winkel auf Ihr Hauptmotiv. Zwar schluckt auch diese Methode Licht, aber die Lichtcharakteristik ist auch hier angenehm weich. Zu bekommen sind solche Reflektoren z.B. von Lumiquest über den Fachhandel oder im Versandhandel, beispielsweise bei Brenner, Weiden.

Softreflektor von Lumiquest.

Links ohne, rechts mit Lumiquest-Aufsatz.

Das E-TTL Zubehörsystem

Neben den verschiedenen Blitzgeräten gibt es im Canon-Zubehörsortiment der EOS-Linie auch viele sinnvolle Ergänzungen, die eine effektvolle und professionelle Blitzausleuchtung ermöglichen – ohne auf den gewohnten Komfort zu verzichten.

So einfach und bequem das Blitzen über den eingebauten Blitz oder den auf die Kamera aufgesteckten Blitz auch ist – die Ergebnisse sind alle sehr flach und wenig plastisch ausgeleuchtet, da das Licht ausschließlich frontal auftrifft. Die schon beschriebene Methode des indirekten Blitzens mildert zwar die starken Blitzschatten, an der frontalen Ausleuchtung ändert sie aber nichts. Hier hilft nur das „entfesselte" Blitzen oder das gleichzeitige Arbeiten mit mehreren Blitzgeräten.

Entfesseltes Blitzen

EOS 450D mit Transmitter ST-E2 für kabellose Blitzsteuerung bei E-TTL-Komfort.

Die einfachste Methode, um zu professionellen Blitzergebnissen zu kommen, ist das entfesselte Blitzen mit nur einem Speedlite. Hier wird der Blitz nicht auf dem Blitzschuh der Kamera montiert, sondern über ein Kabel oder den Transmitter ST-E2 z.B. seitlich von der Kamera entfernt angesteuert. Hierfür kann das Blitzgerät entweder in der linken Hand gehalten werden – was ganz praktisch ist, wenn beispielsweise auf gesellschaftlichen Veranstaltungen fotografiert werden soll. Oder aber man stellt das Blitzgerät auf ein Stativ – hierfür befindet sich ein spezieller Adapter im Lieferumfang der Speedlites 420EX, 550EX und 580EX/580EX II.

Entfesseltes Blitzen eignet sich auch hervorragend zum Aufhellblitzen, da das Ergebnis durch die seitliche Ausleuchtung nicht sofort als geblitztes Foto erkennbar ist.

Oben links: Aufnahme ohne Aufhellblitz – die Augenpartie liegt im Schatten, das Bild strahlt nicht.
Oben rechts: Aufnahme mit frontalem Aufhellblitz – die Augenpartie ist nun aufgehellt, das Bild wirkt aber zu flach.
Unten: Aufnahme mit seitlichem Aufhellblitz und Weichstrahlreflektor – die Aufnahme wirkt brillant, plastisch und natürlich. Man vermutet hier nicht so schnell den Einsatz eines Blitzgerätes.

Entfesseltes Blitzen mit Kabel

Die preiswerteste Methode ist der Einsatz des „Off Camera Shoe Cord 2" oder "OC-E3". Die Kabellänge von 60 cm reicht für freihändiges Arbeiten völlig aus. Hierbei kann nur ein Blitzgerät genutzt werden.

Die Rückseite des ST-E2 zeigt sich übersichtlich und leicht zu bedienen.

Entfesseltes Blitzen ohne Kabel

Für das kabellose entfesselte Blitzen benötigt man ein Gerät, das die Steuersignale der Kamera auf das Speedlite überträgt.
Das kann entweder das 580EX (II), 550EX, MR-14EX, MT-24EX oder aber der „Transmitter ST-E2" sein.

Der ST-E2 ist eine Steuerzentrale für komplexe kabellose Lichtsituationen, da auch die Lichtleistung der Blitzgruppen „A" und „B" gesteuert werden kann. Für das Arbeiten mit nur einer entfesselten Blitzlichtquelle ist das ST-E2 ebenfalls ideal, denn es steuert die Blitze über eine Entfernung bis zu 15 Metern in Räumen und bis zu 10 Metern im Freien. Dadurch lassen sich zum Beispiel auch Streiflichter oder Gegenlichtsituationen realisieren. Wenn das ST-E2 auf dem Blitzschuh montiert ist, lässt sich kein weiteres Blitzgerät auf dem Kamerablitzschuh befestigen.

Blitzen mit mehreren Blitzgeräten

Mit dieser Methode können sehr aufwändige Ausleuchtungen realisiert werden, da man mit beliebig vielen Blitzgeräten arbeiten kann. So kann eine klassische Ausleuchtung mit Hauptlicht,

Oben: Speedlite 580EX II wird vom ST-E2 ferngesteuert.
Unten: Auch die Speedlites 580EX (II) und 550EX sowie die Makroblitze können Slave-Speedlites ansteuern.

Aufhelllicht und Hintergrundlicht ausgeleuchtet werden, ohne auf den E-TTL-Komfort verzichten zu müssen. Die Lichtcharakteristik kann durch Standpunkt, Aufsteckreflektoren oder angeblitzte (Styropor-) Flächen fast beliebig variiert werden. Die Lichtcharakteristik im Kapitel Studioblitzanlagen lässt sich zum Beispiel ohne Probleme auch mit den Speedlites realisieren.

Master/Slave-Betrieb

Um eine korrekte Belichtung zu erzielen, steuert die Kamera die Blitzlichtstärke über die Blitzdauer. Ebenso wird die Information über die verwendete Brennweite an das Blitzgerät übertragen.
Diese aufwändige Steuerung ist bei der Canon EOS 450D auch mit mehreren, kabellos gesteuerten Blitzgeräten möglich. Hierzu wird auf der Kamera ein Blitzgerät verwendet, welches in der Lage ist, die nötigen Steuersignale an weitere Blitzgeräte zu kommunizieren.

Das Blitzgerät, das diese Steuerung übernimmt, nennt man „Master", die Befehlsempfänger sind die „Slave"-Blitzgeräte (Sklaven). Beim Canon System können die Blitzgeräte in 3 Gruppen eingeteilt werden: Das Master ist immer Gruppe „A" zugewiesen, beliebig weitere Blitzer können in die Gruppen „A", „B" und „C" eingeteilt werden.
Das ist sinnvoll, da so die Blitze mit unterschiedlicher Blitzleistung angesteuert werden können. Das Verhältnis von Blitzgruppe „A" zu „B" kann zum Beispiel in feinen Stufen zwischen 4:1 und 1:4 geregelt werden. Dadurch lässt sich die Beleuchtung effektiv zueinander dosieren und abstimmen.

Die Vorteile liegen auf der Hand: Das kabellose Ansteuern der Blitzgeräte ist komfortabel, und es lassen sich so sehr mobil aufwändige Lichtsituationen realisieren, die sonst eher Studioblitzanlagen vorbehalten sind.

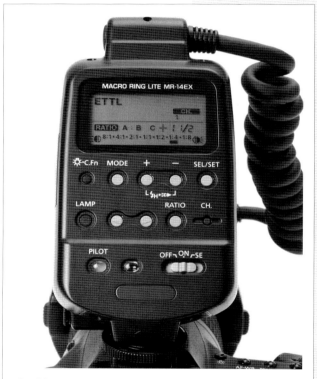

Der Blick auf die Rückseite vom MR-14EX zeigt die verschiedenen Einstellmöglichkeiten für den Master/Slave-Betrieb. Die Wahl des Blitzkanals und des Blitzleistungs-Verhältnisses wird übersichtlich dargestellt. Eigentlich kann hierbei nichts schiefgehen.

Beeindruckendes Beispiel für eine entfesselte E-TTL Blitzaufnahme. Hier kamen drei Speedlites zum Einsatz: eines indirekt von links vorne, eines kräftig von rechts hinten, das dritte hellte den weißen Hintergrund auf. Die Blitzlichtmenge wurde wie gewohnt von der Kamera automatisch gesteuert.

Kabelloses Blitzen mit mehreren Blitzgeräten

Ist frontales Blitzlicht als Teil der Blitzlichtausleuchtung weiterhin gefragt, so kommen die Blitzgeräte 580EX (II), 550EX, MR-14EX und MT-24EX zum Einsatz. Hier lassen sich insgesamt drei Gruppen mit unterschiedlicher Leistung ansteuern. Die Gruppen „A" und „B" können im Verhältnis zueinander geregelt werden (z.B. 1:2), die Gruppe „C" über eine Über/Unterbelichtungskorrektur für diesen Kanal, also z.B. minus 1 1/3 Blenden. Die Gruppen „A" und „B" sollten immer als die Standardgruppen genutzt werden. Bei den Speedlites 580EX (II) und 550EX kann die Blitzfunktion auch ausgeschaltet werden, so dass kein frontales Licht entsteht. Es wird in diesem Modus das 580EX (II)/550EX nur als Steuerzentrale genutzt.

Der Transmitter ST-E2 kommt zum Einsatz, wenn definitiv kein frontales Licht gefragt ist und eine preiswerte Lösung gesucht wird. Beim ST-E2 können aber nur die Gruppen A und B gesteuert werden. Dafür ist es aber sehr klein und kompakt und stört nicht beim Fotografieren. Das ST-E2 kostet zusammen mit dem 420EX etwa so viel wie ein Speedlite 580EX II.

Tipp:
Mit einfachen Mitteln kann man die Lichtcharakteristik effektiv steuern. Hier wurde eine Styroporplatte aus dem Baumarkt mit Silberfolie beklebt. Dadurch wird ein großflächiges, aber gerichtetes Licht erzeugt. Durch die weiße Rückseite erzielt man weiches, gestreutes Licht – ideal für Portraits. Im Zubehörhandel gibt es für Styroporplatten Spieße mit Stativgewinde, um eine Montage auf Stativen zu ermöglichen.
Je nach Einsatzgebiet und Geldbeutel kann man auf ein umfangreiches und komplexes Blitzsystem zurückgreifen, mit dem sich selbst schwierige Lichtsituationen beherrschen lassen, und das bei voller Automatiksteuerung! Zusammen mit Reflektoren kann auch die Lichtcharakteristik gut beeinflusst werden – und das im mobilen Einsatz, auch wenn kein Netzstrom vorhanden ist.

Außenaufnahme mit Makroobjektiv und Ringblitz MR-14EX im Automatikmodus. Durch die minimale Schärfentiefe bekommt das Motiv einen geradezu abstrakten Charakter.

Blitzen mit einer Studioblitzanlage

Möchten Sie mit der EOS eine Studioblitzanlage ansteuern, so ist auch dies kein Problem. Natürlich müssen Sie auf jeglichen Belichtungskomfort verzichten, da alle Studioblitzgeräte voll manuell gesteuert werden und nicht über eine Mess- und Steuerelektronik wie die Speedlites von Canon verfügen.

Stellen Sie dazu den Belichtungsmodus auf „Manuell" ein und wählen sie eine 1/125 oder 1/60 Sekunde. Bitte nehmen Sie keine kürzere Zeit, da die Studioblitzgeräte meist eine längere Blitzleuchtdauer haben als die Canon Speedlites. Die Belichtungszeit muss in jedem Fall länger als diese Blitzleuchtdauer (auch Abbrennzeit genannt) sein.

Studioblitzanlagen werden über ein Kabel gezündet. Da die EOS 450D keine Blitzsynchrobuchse besitzt, benötigt man für den Anschluß der Studioblitzanlage einen Adapter, um das Synchronkabel anzuschließen. Bei Anlagen aus den 60er oder frühen 70er Jahren sollte man aber vorsichtig sein, da es hierbei zu Überspannungsschäden kommen kann.

Besser: Wer es komfortabel mag, nutzt einen Infrarot- oder Funkauslöser, der wie ein Blitzgerät auf den Blitzschuh geschoben wird. Dadurch haben Sie sich auch der lästigen Kabel-im-Weg-herumliege-Probleme ein für allemal entledigt.

Die Studio-Blitzbelichtung wird in der konventionellen Fotografie üblicherweise mit Handbelichtungsmessern gemessen. Angenehmer Nebeneffekt bei der digitalen EOS Serie: Sie können auf diese Investition verzichten, wenn Sie etwas Zeit mitbringen. Sie messen die erforderliche Blendeneinstellung einfach über den LCD-Monitor und das Histogramm. Machen Sie anfangs einfach mehrere Aufnahmen mit unterschiedlichen Blendeneinstellungen und tasten Sie sich so an die korrekte Belichtung heran!

Im Bereich Portrait- und Stillleben-Fotografie ist die dazu benötigte Zeit eigentlich immer vorhanden, zumal Sie ja sowieso die Lichtcharakteristik erst einmal durch ein paar Probeschüsse überprüfen werden wollen.

Alles in allem bieten Ihnen alle digitalen EOS Modelle alle Möglichkeiten und Hilfsmittel, um in der modernen Reportage- oder Studio-Blitzlichtfotografie effizient und mit hoher Qualität arbeiten zu können.

Foto: Profoto

Die unterschiedlichen Reflektoren machen eine Studioblitzanlage so universell.

Fotografieren mit Blitz

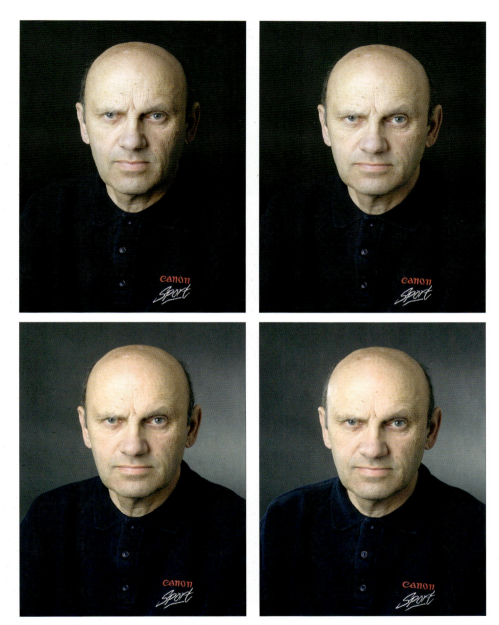

Links oben: Beleuchtung mit schräg einfallendem Hauptlicht.
Rechts oben: Hier wurde ein Aufheller platziert, um die im Schatten liegende Gesichtpartie zu betonen.
Links unten: Ein zweiter Blitz wurde platziert, um den Hintergrund aufzuhellen.
Rechts unten: Ein dritter Blitz wurde von hinten auf die Schulter gerichtet, um der Schulter eine bessere Plastizität zu geben.

*Links: kompaktes und leistungsstarkes Studioblitzgerät von Profoto.
Rechts: die Bedienung ist sehr übersichtlich und klar gegliedert. Auch Einsteiger in die Studiofotografie kommen damit klar.*

Fotografieren mit Zubehör

Neben den Speedlite-Blitzgeräten der EOS-Familie und den Objektiven hat Canon noch weiteres interessantes Zubehör im Programm. So finden Sie im Canon-Sortiment eine Vielzahl von nützlichen Helfern, wie Kabel- und Fernauslöser, Batteriegriffe und so weiter. Ein paar wichtige Utensilien – nicht nur von Canon – sollen nun an dieser Stelle vorgestellt werden.

Original Canon Zubehör

Hier finden Sie einiges nützliche Zubehör, das für einige Anwendungen hilfreich, für andere wiederum unabdingbar ist. Vieles davon ist preiswerter, als man vermutet...

RS-60E3 für EOS 450D.

Kabelauslöser RS-60E3

Er dient in erster Linie dazu, Langzeitaufnahmen vom Stativ wackelfrei auszulösen. Durch die Auslöseverriegelung können auch Langzeitaufnahmen in B-Einstellung (bulb) komfortabel durchgeführt werden: Beim Start der Langzeitaufnahme wird der Kabelauslöser verriegelt, zum Beenden der Aufnahme wieder entriegelt. Alles in allem ein sehr preiswertes und nützliches Hilfsmittel. Wer möchte, kann sich aber bei Stativaufnahmen mit dem Selbstauslöser behelfen. Für die EOS 450D benötigen Sie den RS-60E3.

Okularverlängerung EX-EP15 II

Das EP-EX15 wird auf das Okular der EOS gesteckt und sorgt dafür, dass Sie auch mit aufgesetztem Helm oder Schutzbrille das volle Sucherbild überblicken können. Allerdings erscheint das Sucherbild nun erheblich kleiner. Da aber per Autofokus fokussiert wird, stellt dieser Umstand keine große Einschränkung dar.

Winkelsucher C

Wer schon einmal eine PowerShot mit dreh- und schwenkbarem Monitor genutzt hat, wird dieses Feature ab und an vermissen. Technisch durch den Rückschwingspiegel und den Schlitzverschluss bedingt, funktioniert das bei einer digitalen Spiegelreflexkamera nicht gleichzeitig durch Sucher und Monitor. Wer dennoch komfortabel in Bodennähe oder von einem Reprostativ aus durch den Sucher fotografieren möchte, sollte sich den Winkelsucher gönnen. Er funktioniert im Hoch- und Querformat. Mit integrierter 1,25/2,5fach-Lupe für präzisere Fokussierung.

Batteriegriff

Der Batteriegriff BG-E5 zur EOS 450D Serie bietet einiges an Zusatznutzen und ist nicht sehr kostspielig in der Anschaffung. Mit angesetztem Handgriff liegt die Kamera ausgewogener in der

Fotos: Canon

ZUBEHÖR

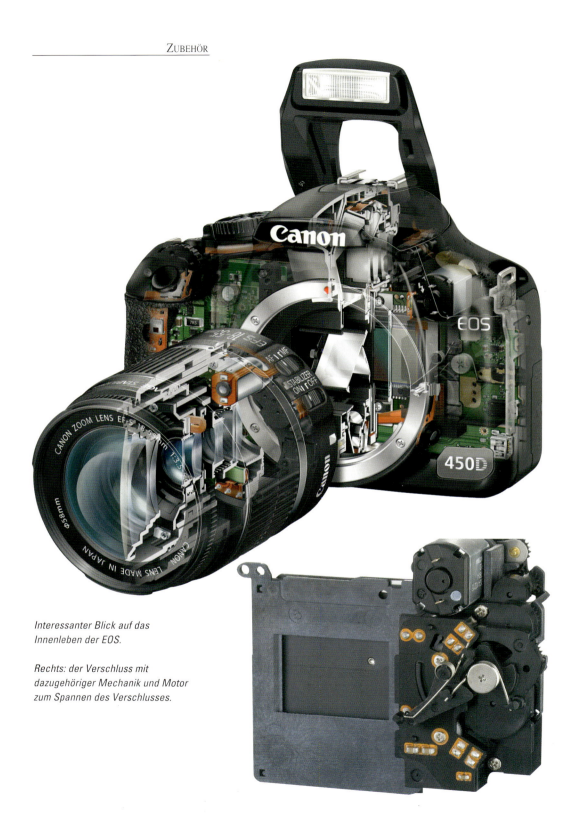

Interessanter Blick auf das Innenleben der EOS.

Rechts: der Verschluss mit dazugehöriger Mechanik und Motor zum Spannen des Verschlusses.

Hand – man hält sie sicherer, was eine zusätzliche Verwacklungsreserve bietet. Durch den zusätzlichen Auslöser und die gedoppelten Bedienelemente, die mit dem Daumen erreicht werden sollen, hält sich die EOS im Hochformat genau wie im Querformat. Das bringt eine schnellere, routiniertere Bedienung und eine entspanntere Haltung bei Hochformataufnahmen mit sich. Darüber hinaus bieten die Handgriffe Platz für zwei Akkus, und damit die Chance auf doppelte Akkukapazität. Der BG-E5 zur EOS 450D kann auch mit sechs normalen Mignonzellen (AA) betankt werden.

Nahlinsen

Sehr beliebt sind Nahlinsen zur Erweiterung des Makrobereiches. Die Stärke wird bei Nahlinsen wie bei Brillen in Dioptrien angegeben: Eine Nahlinse mit z.B. 2 Dioptrien verlegt den Unendlich-Punkt auf 50 cm (Nahpunkt bei Unendlich-Einstellung = 100 cm : Dioptrie). Canon bietet als Systemzubehör die Nahlinsen „250D" und „500D" an, mit vier bzw. zwei Dioptrien, die den Nahaufnahmebereich nochmals deutlich erweitern. Besonders mit Telebrennweiten ist der Effekt deutlich zu erkennen. Um die Abbildungsqualität auch mit den Nahlinsen zu erhalten, sind diese Nahlinsen zweilinsig (achromatisch) aufgebaut. Von normalen Nahlinsen, die in der Regel nur aus einer Linse bestehen und dementsprechend preiswert sind, möchte ich abraten. Diese Nahlinsen sind oft in den Randbereichen unscharf!

Filter

Fotografische Filter dienen zum einen dem Erzielen besonderer Effekte, aber auch der gezielten Optimierung des Bildergebnisses.

Polarisationsfilter
Das wohl vielseitigste und interessanteste Filter ist das Polarisationsfilter. Es dient dazu, Spiegelungen und Reflexionen zu filtern. Prinzipiell macht sich das Polarisationsfilter den Umstand zu Nutze, dass reflektiertes Licht in einem anders gerichteten – polarisierten – Zustand als unreflektiertes Licht vorliegt. Das Filter ist in der Lage, dieses polarisierte Licht zu erkennen und zu absorbieren. Dadurch lassen sich Spiegelungen und Reflexionen einfach und wirkungsvoll entfernen.

Jedoch hat ein solches Filter auch einige Haken. Zum einen wird die Filterwirkung durch einen Lichtverlust von ca. 1,5 Blendenstufen erkauft, da ja Licht absorbiert wird – das Filter ist mittelgrau. Außerdem ist die Wirkung des Filters abhängig von dem Winkel zur Reflexion: Fotografiert man schräg zu einer Reflexion, so wird sie fast vollständig entfernt, fotografiert man gerade durch ein Fenster ist das Filter fast wirkungslos. Auch muss das Filter durch Drehen auf das Motiv, bzw. die Reflexion eingestellt werden, was natürlich etwas Zeit kostet. Das Filter ist also nichts für Schnappschüsse!

Ohne Polarisationsfilter   *Mit Polarisationsfilter*

Der beschriebene Effekt funktioniert bei unlackierten Metalloberflächen nicht. Ein positiver Effekt ist ein deutlicher Anstieg an Farbreinheit und Farbsättigung, weshalb das Filter vor allem in der Landschaftsfotografie beliebt ist!

Das Polarisationsfilter sollte hierbei als eine Art Universalfilter gesehen werden. Das Schöne an diesem Filter ist, dass Sie mit bloßem Auge den Effekt beobachten können! Sie müssen das Filter nicht einmal auf das Objektiv schrauben, sondern nur vor das Auge halten und drehen.

> **Tipp:**
> Stellen Sie den Filtereffekt bei Landschaftsaufnahmen möglichst nicht maximal ein, da das Ergebnis sonst sehr schnell künstlich wirkt. Kaufen Sie sich auf jeden Fall ein „zirkulares Polarisationsfilter", da die lineare Variante das Autofokus- und Belichtungsmesssystem der Kamera irritieren würde – es käme zu Fehlbelichtungen und Fokussierproblemen.

Die Bedienung der Farbkorrekturfunktion bei der EOS 450D ist intuitiv und übersichtlich.

Korrekturfilter

Korrekturfilter bzw. sogenannte Konversionsfilter sind eigentlich dazu da, das spektrale Verhalten der Lichtquellen an die des Films anzupassen.

Dazu haben die Canon Digitalkameras aber einen Weißabgleich und ersparen Ihnen so dieses teure Vergnügen. Interessant sind eigentlich nur Filter für die Schwarzweiß-Fotografie, da sie die Umsetzung von Farben in Grautöne beeinflussen. Gelb-, Orange- und Rotfilter erhöhen den Bildkontrast, heben Wolken hervor und verdunkeln blauen Himmel.

Grünfilter machen Hauttöne angenehmer. Möchten Sie mit Ihrer EOS auch Schwarzweiß-Fotos machen, so kann ich diese Filter nur empfehlen, da das nachträgliche Erzielen derartiger Effekte am PC ziemliche mühsam ist.

Die EOS 450D hat nicht nur die Farbkorrekturfilter, sondern auch bereits einige Schwarzweiß-Filter im Menü in digitaler Form integriert!

Kleines Bild oben: normale Farbaufnahme.
Darunter: Schwarzweißaufnahme im Schwarzweißmodus, ohne Filter.
Großes Bild: Hier zeigt sich die Wirksamkeit des Schwarzweißmodus der EOS 450D. Mit zugeschaltetem elektronischem Rotfilter werden der blaue Himmel kräftiger und die grünen Fensterklappen dunkler umgesetzt. Die Schwarzweißumsetzung ist im Ganzen sehr harmonisch.

Tipp:
Versuchen Sie mal beim Aufhellblitzen ein warmtoniges Korrekturfilter vor das Blitzgerät (!) zu halten – die Sonne lässt grüßen!

Effektfilter

Effektfilter gibt es wie Sand am Meer. Farbverlaufsfilter, Sterneffektfilter, Prismenfilter – es gibt fast alles, was die Fantasie hergibt. Letztendlich ist deren Einsatz eine Geschmacksfrage: Puristen hassen sie, experimentierfreudige Fotografen lieben sie! Einige der Filtereffekte lassen sich in der digitalen Fotografie sehr gut am PC erzeugen. Das macht frei und unabhängig, denn: Ist die Aufnahme bereits mit Effektfilter fotografiert worden, so lässt sich der Effekt nicht mehr rückgängig machen. Haben Sie die Aufnahme pur vorliegen, so können Sie am PC nach Herzenslust verfremden.

Sollen die Bilder aber möglichst ohne vorherige Bildbearbeitung am PC ausgegeben werden, so ist der Einsatz von Effektfiltern auf jeden Fall interessant. Wenn Sie sich für diese Sorte Filter interessieren, so besorgen Sie sich einfach Prospekte z.B. von Cokin, Hama oder B&W. Mancher Hersteller hat sogar ausführliche Bücher im Programm, welche die Wirkungsweise der Filter detailliert beschreiben. Auch bei Effektfiltern gilt: einfach ausprobieren! Und: Nicht jedes Motiv gewinnt durch den Einsatz von Effektfiltern.

Stativ

Bei Stativen gilt: Viel hilft viel! Prinzipiell steht ein schweres und großes Stativ wesentlich stabiler als ein leichtes. Die einzige Ausnahme sind Stative aus Karbonfaser, die groß, stabil und dabei leicht sind – nur leider schändlich teuer! Damit steht die Wirksamkeit eines Stativs im Konflikt zur Mitnahmebereitschaft: Ist es schwer, bleibt es zu Hause. Ist es leicht, bringt es nicht viel. Dennoch: Wer verwacklungsfreie Aufnahmen mit langen Verschlusszeiten erzielen will, benötigt ein stabiles Stativ. Alles andere ist reine Geldverschwendung und macht lediglich Sinn bei Aufnahmen im Tageslicht mit Selbstauslöser.

Schönes Beispiel für Weitwinkelfotografie, die durch die Einbeziehung des Vordergrundes Tiefe erzeugt. Bei solchen Aufnahmen kann ein Stativ und eine Wasserwaage zur Ausrichtung der Kamera nützlich sein.

Makroaufnahme mit EF-S 60mm Macro USM bei Maßstab 1:1.

Auch bei Panoramaaufnahmen ist ein Stativ sinnvoll, da die Aufnahmen wesentlich präziser aneinander gesetzt werden können als bei Freihandaufnahmen. Auch hier ist Stabilität wichtig, da sonst das Stativ versehentlich bewegt werden könnte. Preiswerte, schwere Stative erhalten Sie zum Beispiel von Manfrotto/Multiblitz und Slik, schöne Holzstative von Berlebach und Ries. Top-Stative aus Karbon oder Aluminium finden Sie bei Gitzo – teuer, aber eine Anschaffung fürs Leben.

Wasserwaage

Möchten Sie häufig Panoramen oder Architektur fotografieren, so sollten Sie über die Anschaffung einer Wasserwaage nachdenken! Sie können so sehr effektiv verhindern, dass Ihre Panoramen später „eiern" oder Gebäude schief positioniert sind, wenn Sie die Kamera vorher auf dem Stativ präzise ausrichten. Es gibt zahlreiche kleine Wasserwaagen im Fotohandel oder Baumarkt. Für die EOS empfehle ich eine Wasserwaage, die auf den Blitzschuh aufgesteckt werden kann. Solch eine Wasserwaage vertreibt z.B. Hama.

Tipps zur Makrofotografie

Viele Wege führen bekanntlich zum Ziel, besonders in der Makrofotografie gilt diese Weisheit. Bevor ich einige Tipps zur Makrofotografie gebe, möchte ich noch ein paar Hinweise zur Ausrüstung geben.

Nahlinsen
Meist ist der Kauf von Nahlinsen der erste Schritt in die Makrofotografie. Sie sind relativ preiswert und haben keinen Einfluss auf die Belichtungssteuerung. Gerade die zweilinsigen Canon Nahlinsen „250D" und „500D" sind in ihrer optischen Qualität sehr hochwertig. Nahlinsen lohnen sich für Anwender, die nur gelegentlich Makroaufnahmen machen möchten oder Objektive mit gleichem Filtergewinde besitzen. Sollen für mehrere Objektive verschiedene Nahlinsen gekauft werden, gibt es bessere Alternativen.

Zwischenringe
Die beiden Zwischenringe EF 12 II und EF 25 II sind ebenfalls sehr preisgünstige Lösungen. Sie sind ideal für den Gelegenheitsmakrofotografen, der über mehrere Objektive verfügt. Die Qualität der Ergebnisse ist vom eingesetzten Objektiv abhängig, auf eine Qualitätsminderung in den Bildecken muss man unter Umständen gefasst sein, besonders bei eher weitwinkeligen Objektiven. Abblenden schafft aber hier Linderung.

Makroobjektive
Klar, dass die Spezialisten hier qualitativ die Nase vorn haben und die eigentliche Empfehlung sind, wenn häufiger im Nahbereich fotografiert wird. Hervorheben möchte ich an dieser Stelle das EF 50mm Compact Macro und das EF-S 60mm Macro USM. Beide bringen durch die hohe Lichtstärke und die Portraittauglichkeit noch weiteren Zusatznutzen. Die Objektive sind in der Anschaffung recht günstig: Die Kombination von Zwischenringen, einer Nahlinse 250C plus einer Nahlinse 500D kommt auf einen vergleichbaren Preis!

Ähnlich wie in der Bildgestaltung von gewöhnlicheren Motiven ist die Welt der Makrofotografie abhängig von der gewählten Blende und Verschlusszeit. Auch hier führt das Fotografieren mit offener Blende zu einer eher poetischen Bildanmutung, das Fotografieren mit stark abgeblendetem Objektiv zu einer eher technischen oder analytischen Anmutung. Generell ist die Beherrschung der Schärfe in der Makrofotografie deutlich kniffliger als gewohnt, da die Schärfentiefe mit zunehmendem Abbildungsmaßstab deutlich abnimmt – bis hin zu nur wenigen Millimetern, selbst bei Blende 16 oder 22.

In der geringen Schärfentiefe liegt aber auch die Magie der Makrofotografie. Viele gewöhnliche Alltagsgegenstände oder Pflanzen, an denen man täglich vorbeiläuft, eignen sich hervorragend als Objekte. Durch die konzentrierte Sichtweise, vielleicht mit absichtlich minimaler Schärfentiefe, werden sie zu abstrakten Objekten.

Neben dem oft zitierten „Üben, Üben, Üben" führt vorallem ein stabiles Stativ zum Erfolg. Viele Hersteller bieten besonders makrotaugliche Stative an, die über eine größere Beweglichkeit der Mittelsäule oder der Stativbeine verfügen. Bei vielen kann man die Kamera kopfüber montieren, um in Bodennähe fotografieren zu können.

Die speziellen Blitzgeräte MR-14EX und MT24EX sind aufgrund ihrer Konstruktion und geringen Leitzahl speziell für den Einsatz in der Makrofotografie gedacht. Während der Ringblitz MR-14EX für nahezu schattenfreies Licht vor allem für die Reprofotografie und Dokumentation gedacht ist, richtet sich das Twin Lite MT-24EX durch seine beiden beweglichen Blitzköpfe an die eher kreativen Makrofotografen.

Beide Blitzgeräte verfügen über ein Einstelllicht, das die Beurteilung der Ausleuchtung schon im Vorfeld einigermaßen möglich macht. Auch eignen sich beide Blitzgeräte durch die Funktionsvielfalt, die vom Speedlite 550EX übernommen wurde, hervorragend als akzentuierendes Aufhelllicht für die Makrofotografie draußen.

Manuelle Sensorreinigung

Sollte es trotz des EOS Integrated Cleaning Systems dennoch passieren, das sich Staub absetzt und nicht entfernt oder herausgerechnet werden kann, ist es möglich den Sensor auch von Hand zu reinigen.
Das Entfernen von Staub ist zwar mit großer Vorsicht zu handhaben, aber es ist dennoch für Laien nicht unmöglich oder unerschwinglich. Wenn man ein paar Dinge beachtet, und mit etwas Übung sollte es auch Menschen mit zwei linken Händen gelingen.

Staub vermeiden
Die Gefahr, Staub auf den Sensor zu bekommen, kann sicherlich im Vorfeld verringert werden, in dem einige Vorsichtsmassnahmen beachtet werden. Objektive sollten so gewechselt werden, dass das Kameragehäuse nach unten zeigt.

Objektiv- und Kamerabajonett sollten immer durch die Deckel geschützt sein. Reinigen Sie regelmäßig das Objektivbajonett, den Spiegelkasten der EOS und die Innenseiten der Objektiv- und Kameradeckel. Am besten gelingt das mit einem weichen Pinsel. Bitte bei der Reinigung des Spiegelkasten einen Pinsel benutzen - Druckluft bläst nur den Staub auf den Verschluss und damit letztendlich auf den Sensor.

Vorsichtsmassnahmen
Bevor es zur Sensorreinigung kommt, sollten einige Vorsichtsmassnahmen getroffen werden. Wie beim Firmware-Upgrade sollte möglichst die Netzstromversorgung genutzt werden, zumindest aber mit vollen Akkus gearbeitet werden.

Nutzen Sie zur Reinigung die Funktion „Sensorreinigung" und nicht die „bulb"-Einstellung. Die Sensorreinigungs-Funktion ent-

lädt den Sensor statisch, so dass Staub nicht angezogen wird. Ist der Sensor wie bei der „bulb"-Einstellung aktiv, kann es zur statischen Aufladung führen.

Der richtige Blasebalg
Bevor mit irgendwelchen Reinigungsflüssigkeiten oder Reinigungswerkzeugen gearbeitet wird, sollte der Großteil des Schmutzes auf dem Sensor über einen Blasebalg weggepustet werden. Das gelingt am besten mit einem Klistier aus dem Sanitätsfachhandel. Kleine Blasebalge sind zu schwach, Druckluft kann sogar den Kameraverschluss beschädigen.

Die richtige Reinigungsflüssigkeit
Nutzen Sie keinen Alkohol oder Spiritus. Diese Flüssigkeiten verdampfen zu langsam und können den Sensor beschädigen. Sehr gut geeignet ist die Reinigungsflüssigkeit „Eclipse", die sehr sparsam eingesetzt werden sollte. Sie verursacht keine Schlieren und ist extrem schnell verdampfend. Beachten Sie, dass das Einatmen der Flüssigkeit gesundheitsschädlich ist.

Die preiswerte Methode
Nehmen Sie eine gewöhnliche Pinzette, die man gegebenenfalls vorher noch etwas entgraten sollte. Wickeln Sie leicht schräg feines Optikpapier um die Pinzette, so dass das Optikpapier wie eine Spitze zuläuft. Dann knicken Sie das Optikpapier zur Pinzette zurück. Dadurch entsteht eine breite Putzfläche. Wichtig hierbei ist, dass der Papierknick nicht direkt an der Pinzettenspitze passiert, sondern etwas davor - das schützt vor unbeabsichtigten Beschädigungen des Sensors.

PFLEGE

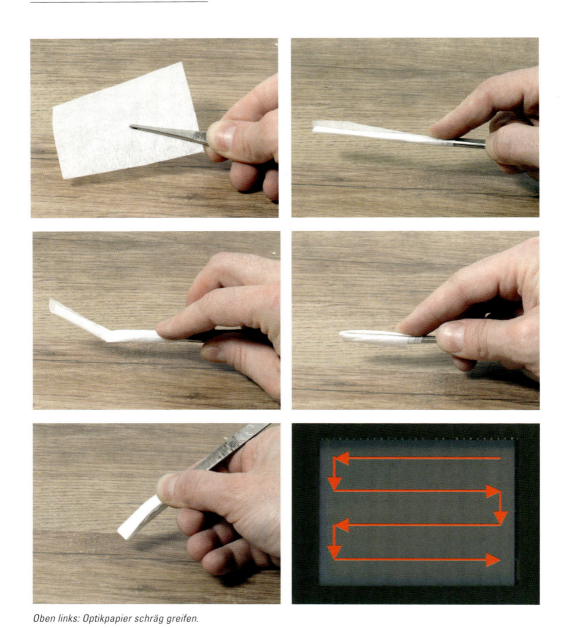

Oben links: Optikpapier schräg greifen.
Oben rechts: um die Pinzette herumwickeln.
Mitte links: mit etwas Abstand das Optikpapier umknicken.
Mitte rechts: so falten, dass das Papier sicher gehalten werden kann.
Unten links: der Knick ergibt eine gerade Kante, die mit 2-3 Tropfen Eclipse beträufelt wird.
Unten rechts: die Kante wird in einer durchgehenden Bewegung über den Sensor gezogen.

Die Papierspitze wird mit 2-3 Tropfen der Eclipse-Flüssigkeit beträufelt. Damit man nicht den Staub auf dem Sensor nur in die Ecken schiebt, sollte die Pinzette mit der Papierspitze sanft wie abgebildet in einem Zug in S-Form über die Sensorfläche bewegt werden.

Um versehentliche Beschädigungen am Sensor zu vermeiden und die nötige Sicherheit zu bekommen, probieren Sie es vorher auf einem CD Rohling aus!

Firmware-Upgrade

Die Firmware ist vergleichbar mit einem Betriebssystem, das die Kamerafunktionen steuert und kontrolliert, beispielsweise Menüfunktionen und die Farbabstimmung. Über ein so genanntes Firmware-Upgrade kann das Kamerabetriebssystem vom Anwender selber aktualisiert werden. Hierbei werden eventuelle Fehlfunktionen (Bugs) oder Funktionsverbesserungen aufgespielt.

Wo findet man Firmware Upgrades?
Über die Web-Adresse

http://web.canon.jp/imaging/eosd-e.html

gelangen Sie auf eine englischsprachige Webseite, die von Canon Inc. in Japan zur Verfügung gestellt wird. In der Rubrik Firmware muss nur das entsprechende Kameramodell ausgewählt werden, um zu dem entsprechenden Firmware-Download zu gelangen.
Hier wird neben den zu erwartenden Funktionsverbesserungen auch detailliert das Prozedere gezeigt. Um es Ihnen einfacher und komfortabler zu machen, möchte ich es aber an dieser Stelle kurz behandeln.

Das Procedere
Nachdem Sie auf der Webseite die allgemeinen Geschäftsbedingungen und die Hinweise als gelesen akzeptiert haben, gelangen Sie direkt zum Download. Die Daten liegen in komprimierter Form vor, so dass Sie zum Extrahieren die entsprechende Version für Windows oder Apple Macintosh auswählen müssen.

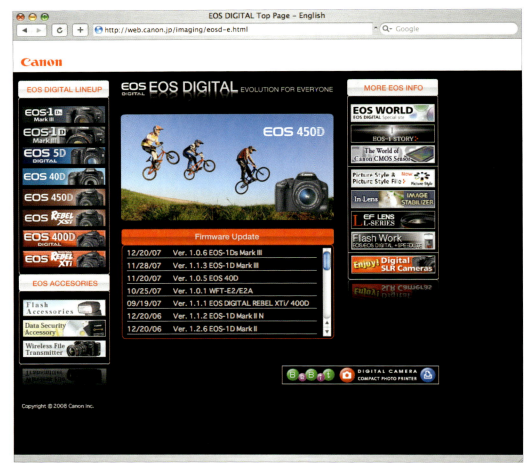

Die EOS-Firmware-Seite ist übersichtlich gestaltet, so dass man die gesuchte Software schnell findet.

Die Firmware muss nun auf Ihrem Rechner extrahiert (entpackt) werden. Die nun erhaltenen einzelnen Dateien überspielen Sie - am besten komplett - über die EOS-Software per Kabelverbindung auf die Kamera oder noch einfacher über ein Kartenlesegerät auf die Speicherkarte. Hierfür wird kein besonderes Verzeichnis angelegt, sondern die Dateien werden direkt auf die Hauptverzeichnisebene der CF-Speicherkarte kopiert.

Stecken Sie die CF-Karte in ihre EOS und schalten Sie die Kamera ein. Gehen Sie im Kameramenü nun zu dem Menüpunkt „Firm-

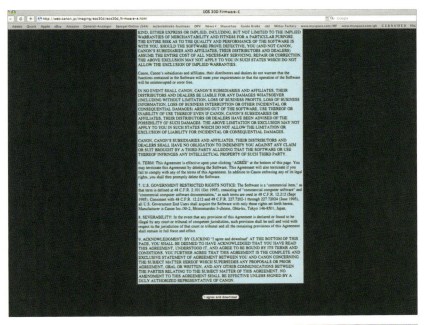

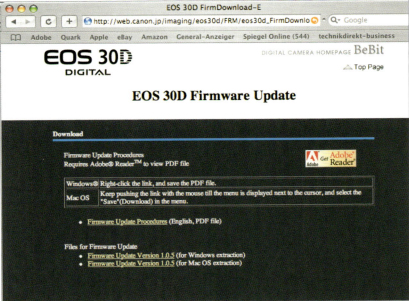

Nach den Allgemeinen Geschäftsbedingungen gelangt man zum eigentlichen Downloadbereich - hier zur EOS 30D. Da Windows und Mac OS unterschiedliche Entpacker nutzen können, werden die Firmware-Upgrades für beide Betriebssysteme angeboten.

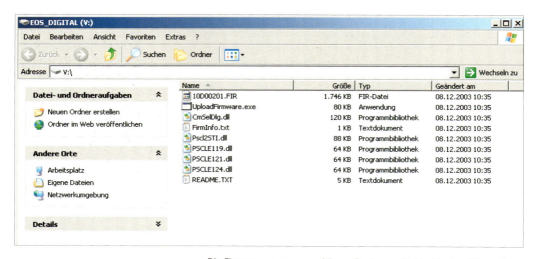

Die Firmware muss nun auf Ihrem Rechner extrahiert (entpackt) werden. Die nun erhaltenen einzelnen Dateien überspielen Sie nun - am besten komplett - über die EOS-Software per Kabelverbindung auf die Kamera oder noch einfacher über ein Kartenlesegerät auf die Speicherkarte

wareversion" und drücken Sie die Set-Taste. Die Kamera fragt nun, ob Sie die Firmware aktualisieren möchten. Durch Bestätigung über die Set-Taste startet der Upgrade-Prozess. Nach Beendigung können Sie über den Menüpunkt „Firmwareversion" überprüfen, ob die Firmware korrekt aufgespielt wurde.

Vorsichtsmaßnahmen

Benutzen Sie für den Upgrade-Prozess die EOS nur mit voll aufgeladenen Akkus, besser mit der Netzstromversorgung. Schalten Sie während des Prozesses die Kamera nicht aus und aktivieren Sie keine anderen Funktionen während dieses Vorgangs. Ein unvollständiges Aufspielen der Firmware kann dazu führen, dass die EOS zum Service geschickt werden muss.

Nutzen Sie nur Firmware, die über die oben genannte Web-Adresse angeboten wird. Notieren Sie sich sicherheitshalber Ihre persönlichen Einstellung, z.B. die Custom-Funktionen. Je nach Upgrade können diese Funktionen auf Werkseinstellung zurückgesetzt werden.

UPGRADE

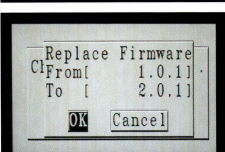

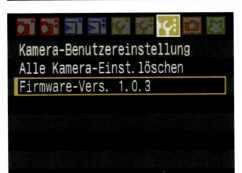

Von oben links nach unten rechts:
Zu allererst wird die aktuelle Firmwareversion der Kamera überprüft. Steckt die Speicherkarte mit der aktuelleren Firmware in der EOS, so wird über diesen Menüpunkt der Upgrade-Prozess in der Kamera aktiviert. Nach Sicherheitsabfragen zeigt eine Statusanzeige den Fortschritt an. Wird die Bestätigung für erfolgreiches Aufspielen angezeigt, wird die EOS kurz ausgeschaltet. Ein Blick auf die Firmware-Anzeige gibt die Sicherheit, dass alles wie geplant funktioniert hat.
Leider lag noch keine neue Firmware vor, so dass Screenshots der EOS 400D gezeigt werden. Das Procedere ist aber bei der EOS 450D identisch.

Bilder speichern

Bevor ich auf einige spezielle Motivgruppen näher eingehe, möchte ich noch ein paar Worte zur Bildspeicherung verlieren.

Speichermedien

SD-Speicherkarten gibt es zur Zeit mit Kapazitäten bis zu 8 Gigabyte und unterschiedlichen Geschwindigkeiten.

Die Auswahl des richtigen Speichermediums für Ihre EOS 450D ist keine schwierige Aufgabe. Generell sollten aber ein paar Dinge beachtet werden, die Geld sparen helfen oder vor unliebsamen Überraschungen schützen:

Nutzen Sie Speicherkarten von Markenherstellern, denn nur sie garantieren für Kompatibilität und bieten sehr lange Garantiezeiträume. Einige höherwertige Karten beeinhalten im Lieferumfang spezielle Software zur Datenrettung, die bei Datenverlusten eine effektive Hilfe sind. Kein Risiko gehen Sie bei Speicherkarten von Sandisk oder Lexar ein.

Auch wenn Ihre EOS 450D Speicherkartenkapazitäten von 8 GB und mehr unterstützt - es ist nicht immer ratsam nur eine einzige große Speicherkarte mitzuführen. Denn bei Beschädigung oder Verlust ist dann die komplette Ausbeute futsch. Vernünftiger ist es, statt einer 4 GB oder 8 GB SD-Karte mehrere 2 GB SD-Karten zu nutzen. Das verteilt das Risiko, und oft sind diese Karten in der Summe immer noch preiswerter als eine Karte mit großer Kapazität.

Bei der Wahl der Speicherkartengeschwindigkeit brauchen Sie nicht zwingend auf die schnellsten Karten zurückzugreifen. Karten mit mittlerer Geschwindigkeit um die 20MB-50MB pro Sekunde reichen völlig aus. Denn durch eine schnellere Speicherkarte erzielt Ihre EOS weder eine höhere Serienbildgeschwindigkeit, noch erzielen Sie mehr Bilder in Folge.

Den Gewinn einer schnellen Karte werden Sie nur in zwei Situationen spüren: Zum einen, wenn Sie die Serienbildfunktion der EOS voll ausnutzen und den Pufferspeicher der Kamera vollschreiben. Eine schnellere Karte sorgt hier für einen etwas zügigeren Abtransport der Daten von dem internen Pufferspeicher auf die Speicherkarte. Der Pufferspeicher gibt dadurch den Platz für

Hier wurde der unruhige Hintergrund durch eine offene Blende vom Vordergrund getrennt. Bei sehr starken JPEG-Komprimierungen kann es passieren, dass feine Hintergrunddetails verloren gehen.

eine nächste Aufnahme schneller wieder frei. Der zweite Vorteil liegt in der Geschwindigkeit der Datenübertargung vom Speicherkartenlesegerät auf Ihren Computer, sofern das Lesegerät auch hohe Datentransferraten erlaubt. Hier können Sie dann etwas Zeit sparen, wenn Sie große Datenmengen auf Ihren Rechner übertragen möchten.

Speicherkarten waren in den letzen Jahren von einem massiven Preisverfall betroffen. 2 GB Kapazität bekommt man inzwischen - allerdings nur in der Einstiegsklasse der SD-Karten - für unter 10 Euro angeboten. Sparen Sie nicht an der falschen Stelle, denn auch teurere Karten sind letzen Endes immer noch unglaublich günstig.

Vergessen Sie nicht, was früher die obligatorischen zehn Diafilme für den Urlaub gekostet haben. Und die waren nach dem Belichten verbraucht. Heute bekommen Sie für den gleichen Preis mehrere 2 GB SD-Karten in bester Qualität von Markenherstellern. Gönnen Sie sich auch eine Speicherkartentasche, die Ihre Speicherkarten mechanisch gut schützt. Hier gilt: nicht hübsch, sondern robust und praktisch!

Speicherformate

Wie speichere ich was ab? Eine wichtige Frage. Die EOS 450D bietet als Dateiformat die JPEG-Kompression an – und das für mindestens drei Bildgrößen in unterschiedlichen Kompressionen.

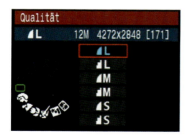

Das JPEG-Verfahren komprimiert Bilddaten, um den Speicherbedarf der Bilddaten zu reduzieren und damit die Bildübertragung deutlich zu beschleunigen. Jedoch hat die Komprimierung auch Nachteile, denn sie arbeitet nicht verlustfrei! Um zu den deutlich kleineren Dateien zu gelangen, entzieht das JPEG-Verfahren den Bildern – anfangs meist überflüssige – Farb- und Helligkeitsinformationen. Bei Komprimierungsverhältnissen von ca. 1:10 sind diese Informationsverluste in der Praxis kaum wahrnehmbar, bis ca. 1:25 halten sie sich in Grenzen. Beim letzteren kann man aber möglicherweise an einfarbigen Flächen, wie z.B. Himmel, schon so genannte Artefakte sehen: Kachelartige Farbflächen, welche die vormals homogene Fläche inhomogen machen. Diese Komprimierungsverluste können nicht rückgängig gemacht werden!

BILDER SPEICHERN

Allerdings klingt das alles schlimmer als es ist. Denn die Komprimierungsvorgaben Ihrer EOS sind sehr praxisgerecht gewählt.

Möchten Sie eine weitgehende Bildbearbeitung am PC vornehmen oder die Bilder der EOS sehr groß ausgeben, so sollten Sie die beste JPEG-Qualität wählen. Werden Schnappschüsse über Bilderservices oder einen Drucker der CP-Serie ausgegeben, so kann ruhig eine stärkere Komprimierung gewählt werden.
Für Qualitätsfanatiker empfiehlt es sich, die beste JPEG-Qualität mit der Einstellung „Minus"-Schärfe zu kombinieren. Die so gespeicherten Fotos haben das beste Potenzial für die weitere Bildbearbeitung.

Farbtiefe

Das Maß der Farbtiefe beschreibt die Fähigkeit einer Bilddatei, wie viele Farbabstufungen je Pixel dargestellt werden können. Die Standard-Farbtiefe ist 24 Bit, gemeint sind damit aber 8 Bit je Farbkanal Rot, Grün und Blau. 8 Bit stehen für 256 Abstufungen.

Bei hohen ISO-Empfindlichkeiten werden die JPEG-Dateien größer, da durch das leichte Bildrauschen die Komprimierungs-Algorithmen nicht so effektiv arbeiten können

Rechts oben: Einstellung JPEG-Fein. Rechts unten: Einstellung JPEG-Normal. Im Vergleich zur Fein-Einstellung muss man in der Normal-Einstellung bei kleinsten Details oder Farbverläufen mit Qualitätsverlusten rechnen. Sie sind aber so gering, dass man sie kaum erkennen kann. Sie spielen daher in der Praxis kaum eine Rolle.

24 Bit Dateien können also 256 Abstufungen je Farbe unterscheiden, was insgesamt 256 x 256 x 256 = 16,7 Millionen Farbabstufungen ergibt. Das erscheint auf den ersten Blick sehr viel, ist es aber nicht. Denn besonders in den Schatten- und Lichterpartien sind sehr viele Abstufungen nötig, um eine homogene Darstellung von Farbverläufen und Nuancen zu garantieren.

Werden die Bildinformationen nicht weiter bearbeitet, so ist das Ergebnis für das visuelle Empfinden völlig in Ordnung. Wird aber beispielsweise eine Gradations- oder Tonwertkorrektur durchgeführt, so klaffen besonders in den dunklen Partien schnell Tonwertlücken, so dass Farbverläufe stufig wirken könnten.

Canon Digitalkameras zeichnen Bildinformationen aber mit mehr als 24 Bit Farbtiefe auf, z.B. die EOS 450D mit 42 Bit. Letzteres entspricht mehr als einer Milliarde Farbabstufungen. Dadurch ergeben sich reichliche Reserven für eine optimale Schatten- und Lichterwiedergabe oder für etwaige Korrekturen, sogar wenn sie groß ausfallen, z.B. wenn ein unterbelichtetes Bild „gerettet" werden muss. Im RAW-Modus kann die hohe Farbtiefe von Ihnen für individuelle Korrekturen genutzt werden.

RAW RAW-Modus

Für Qualitätsfanatiker und Unentschlossene! Bilder im JPEG-Dateiformat abzuspeichern, ist beliebt und effizient. Schließlich sparen Sie sich so massig Speicherplatz und auch die Bildübertragung über das Internet geht flott voran. Da JPEG-Daten immer mit Verlusten behaftet sind, wird immer häufiger der Ruf nach unkomprimierter Datenspeicherung bei Digitalkameras laut. Canon hat sich diesem Thema schon früh angenommen und ermöglicht bei allen Modellen der EOS-Serie das Aufzeichnen von Bilddaten als (rohe) RAW-Dateien bzw. CR2-Dateien (CR2 = "Canon RAW Version 2") .

Vorteil 1: Die RAW/CR2-Daten werden verlustfrei gespeichert und sind dabei noch relativ klein! Manchmal ist der einfachere Weg eben nicht der beste: Ein Abspeichern der Bilddaten als TIFF-Dateien wäre sicherlich die nahe liegende Lösung, um verlustfrei zu speichern. Aber in der Praxis erweist sich diese Umsetzung als wenig praktikabel. Denn in einer Kamera mit einem Bildsensor der 12-Megapixel-Klasse ergeben sich Bilddaten um 36 MB.

Da ist die Speicherkarte schnell randvoll, das Speichern selbst wird zum Geduldsspiel. Außerdem werden die Bilddaten nur mit 24-Bit Farbtiefe gespeichert – der Qualitätsvorteil der 42-Bit-Verarbeitung der EOS 450D wird so verspielt. Klar, die Kameras könnten 48-Bit-TIFF-Dateien erzeugen. Damit hätten Sie aber doppelt so große 72 MB-Dateien am Hals – und wer will das schon?

Hintergrund: 1-Chip-Kameras erzeugen die Farbinformationen des aufgenommen Bildes über die auf Bildelemente (CCD- oder CMOS-Pixel) aufgedampften Farbfilter. Jedem Bildelement wird so eine eindeutige Rolle in der Farberkennung zugewiesen. Bildsensoren arbeiten meist mit RGB-Filtern. Auffällig ist, dass ein einzelner Bildpunkt gar keine vollständige Farbinformation aufzeichnet, sondern z.B. nur den Rot-, Grün- oder Blauanteil. Erst später in der internen Bilddatenaufbereitung der Kamera wird jedem Bildpunkt die vollständige Farbinformation über die angrenzenden Bildpunkte hinzugerechnet. Genau diesen Umstand macht sich der RAW-Modus von Canon zunutze: Denn eigentlich ist das originäre Bild, das ein Bildsensor ohne Farbinterpolation auf-

Mischlichtmotive sind typische Kandidaten für den RAW-Modus, denn man kann den Weißpunkt später in aller Ruhe manuell am Computer definieren.

zeichnet, gar kein 24-Bit-Bild, sondern im Falle der Canon EOS 450D nur ein 14-Bit-Bild. Der Vorteil liegt auf der Hand: Bei Kameras mit 42 Bit interner Farbtiefe, die pro Bildelement 14 Bit Farbtiefe aufzeichnen, ist die Datei gegenüber einer 24-Bit-Datei deutich kleiner, verfügt aber über die 192fache (3x 64fache) Bildinformation!

Erst später im Treiber werden die RAW/CR2-Daten in die gewohnten 24-Bit- oder 48-Bit-Daten konvertiert. Gegenüber der Speicherung von TIFF-Dateien kommen zwei entscheidende Pluspunkte zum Tragen: Die Bilder sind zum einen deutlich kleiner! Wegen des Wegfalls der internen Bildaufbereitung über die Digitalkameraprozessoren ist das Erzeugen einer Bilddatei außerdem auch erheblich schneller – zusammen mit den kleineren Bilddateien ergibt sich so auch noch ein deutlicher Geschwindigkeitsvorsprung!

Vorteil 2: Zwischen den Zeilen habe ich es schon angedeutet: die im RAW-Format aufgenommenen Bilder umgehen die interne

Bildaufbereitung der Kamera – die Bilddaten sind wirklich unbearbeitet und roh! Dadurch ergeben sich besonders für Unentschlossene und Qualitätsfanatiker zahlreiche Möglichkeiten. Einstellungen wie Weißabgleich, Farbraum, Schärfe, Kontrast und Sättigung, die sonst an der Kamera vorgenommen werden, sind von Canon in den Treiber verlagert worden. Selbst der Schwarzweißmodus der 450D, mitsamt Filter und Tonungen, kann im Nachhinein gewählt werden. Über den Button „RAW-Einstellungen" des Canon-Treibers wird der Zugang zu diesen Einstellungen möglich. Oft bleibt bei der Aufnahme nicht genügend Zeit, mit den Optionen herumzuexperimentieren. Gerade Motive mit Menschen lassen sich oft nicht eindeutig mit einer anderen Einstellung wiederholen. Es wäre für Sie ärgerlich, wenn die optimale Pose mit der nicht optimalen Einstellung vorgenommen wurde. Ein klarer Vorteil des RAW-Formates: Motiv optimal fotografieren, erst später die Kameraeinstellungen wählen! Aus konventioneller Sicht betrachtet eine „verkehrte Welt".

Tipp:
Einstellungen über den Treiber sind grundsätzlich besser einschätzbar und steuerbar als über die Kamera selbst. Schließlich werden die Bilder und die eingestellten Effekte auf dem Monitor angezeigt, mit dem auch die weitere Bildbearbeitung stattfindet. Der LCD-Monitor der Kamera bietet diese Präzision keinesfalls. Auch der individuelle Weißabgleich über das Treibermenü bietet klare Vorteile. Während der manuelle Weißabgleich der EOS über ein Referenzbild gesteuert wird, steht im Treibermenü eine Pipette zur Verfügung. Damit lassen sich die relevanten Bildelemente wesentlich präziser ansteuern.

Mehr Bilddaten durch 48 Bit

Vorteil 3: Der RAW-Modus bietet noch ein zusätzliches Schmankerl, denn es lassen sich RAW-Bilder als 48-Bit-Datei in den PC und MAC übertragen. Tonwert- und Gammakorrekturen lassen sich in 48-Bit-Bilddaten ohne spätere Bildqualitätseinbußen durchführen. Nach den Korrekturen werden dann die Bilder wieder zurück in normale 24-Bit-Bilddaten umgewandelt. Ein darauf folgender Blick auf das Histogramm zeigt es dann deutlich: Selbst Bilddaten, die wilden Korrekturen unterzogen wurden, zeigen als endgültige 24-Bit-Datei keine Lücken!

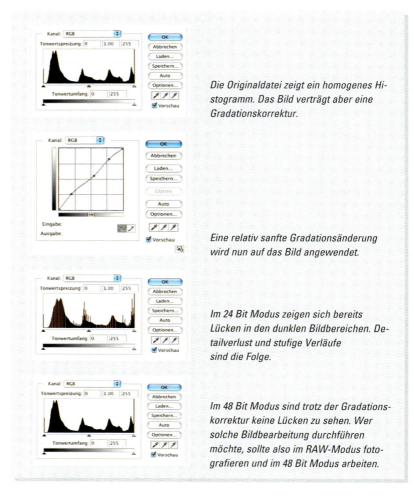

Die Originaldatei zeigt ein homogenes Histogramm. Das Bild verträgt aber eine Gradationskorrektur.

Eine relativ sanfte Gradationsänderung wird nun auf das Bild angewendet.

Im 24 Bit Modus zeigen sich bereits Lücken in den dunklen Bildbereichen. Detailverlust und stufige Verläufe sind die Folge.

Im 48 Bit Modus sind trotz der Gradationskorrektur keine Lücken zu sehen. Wer solche Bildbearbeitung durchführen möchte, sollte also im RAW-Modus fotografieren und im 48 Bit Modus arbeiten.

Der Vorteil liegt also klar auf der Hand: Weil in der kamerainternen Bildverarbeitung nichts passiert ist, kann nun in der Software der Weißabgleich, interne Schärfung, Sättigung, Kontrast und vieles mehr nachträglich bestimmt werden. Das ist besonders bei schwierigen Motiven sinnvoll, wenn man sich nicht sicher ist, mit welchen Kameraeinstellungen gearbeitet werden soll. Besonders lohnt es sich, mit dem Weißabgleich zu experimentieren – oft wird die optimale Bildstimmung nicht mit der auf den ersten Blick offensichtlichen Einstellung erzielt. Der RAW-Modus ist für Sie dann hervorragend geeignet, wenn Sie sowieso die Bilder nachträglich optimieren möchten und in der Bildbearbeitung fit sind. Das RAW-Bildmaterial hat das beste Potenzial, individuell optimiert zu werden!

> **Tipp:**
> Bei Schwarzweiß-Aufnahmen oder Bildern mit dunklen Verläufen, z. B. im Hintergrund, empfiehlt sich das Arbeiten im 48-Bit-Modus bzw. 16-Bit-Modus bei Graustufenbildern, da sonst eventuell in den dunklen Bildpartien eine stufige Darstellung der Verläufe auftreten kann.

Bildübertragung

Es gibt viele Wege, die Bilder Ihrer EOS in den Computer zu übertragen. Ob die Kamera per Kabel an den PC angeschlossen oder die Bilddaten der Speicherkarte über ein separates Laufwerk übertragen werden – wichtig sind hierzu Kenntnisse über Schnittstellen und Peripheriegeräte. Dieses Kapitel wird sich mit Schnittstellen, Kartenlesegeräten und der Übertragungssoftware auseinandersetzen – sprich alles angehen, was für die Übertragung der Bilddaten relevant ist.

> **Tipp:**
> Wenn Sie mehr als zwei USB-Geräte an Ihren PC oder Mac anschließen möchten, so benötigen Sie möglicherweise einen so genannten USB-Hub – eine Art Mehrfachsteckdose für USB. Die USB-Hubs bieten meist vier oder sechs Anschlüsse für USB-Geräte, was ausreichen dürfte. Allerdings sollte man immer einen aktiven Hub mit eigener Stromversorgung kaufen, da sonst das eine oder andere Peripheriegerät streiken könnte.

Schnittstellen

Damit sich Ihre Digitalkamera mit Ihrem Computer verständigen kann, sind Standardschnittstellen und entsprechende Treiber notwendig. Je nach Computersystem können nicht alle Schnittstellen zur Bildübertragung genutzt werden. So können beispielsweise ältere Macintosh-Rechner nur die serielle Schnittstelle nutzen.

PCs unter Windows 95 und NT 4.0 bleibt die USB-Schnittstelle ebenfalls versagt, da die Betriebssysteme nicht die notwendige Software-Unterstützung bereitstellen.

USB-Schnittstelle
Der heutige Quasi-Standard heißt USB1.1 und USB2.0! Einfaches Konfigurieren und schnelle Übertragung wird versprochen – und es stimmt weitgehend! Die Geschwindigkeit der USB1.1-Schnittstelle ist ordentlich, die 2.0-Variante ist richtig schnell. Die EOS 450D arbeitet mit der schnellen USB2.0 Schnittstelle.

Wer über ein externes Speicherkarten-Lesegerät die Bilddaten übertragen möchte, so lte darauf achten, daß es den USB2.0 vollständig unterstützt.

> Es gibt manchmal sehr preiswerte Lesegeräte, die eine „Kompatibilität" zu USB2.0 versprechen – und eigentlich nur USB1.1- Leistung bieten. Wie kommt's? Alle USB1.1-Produkte sind mit USB2.0 kompatibel, wenn auch nur auf USB1.1-Niveau. Die USB2.0-Schnittstelle erkennt, ob ein USB1.1-Gerät angeschlossen ist, und drosselt automatisch die Geschwindigkeit des Datenflusses auf USB1.1-Niveau. Somit ist zwar die Werbeaussage richtig, aber etwas spitzfindig. Schlimmer noch, befindet sich solch ein Bremser in einer USB-Kette, so werden unter Umständen die restlichen Geräte, die an der USB2.0-Schnittstelle hängen, ebenfalls ausgebremst. Bitte achten Sie darauf, dass das Lesegerät dem USB2.0-Standard folgt und entsprechend durch das offizielle USB2.0-Logo zertifiziert ist.

Schließen Sie die EOS einfach an die USB-Schnittstelle an. Sobald Sie die EOS angeschaltet haben, wird automatisch ein Pop-Up-Fenster gezeigt, das Ihnen meist mehrere Bildbearbeitungsprogramme zur Auswahl anbietet, über die Sie dann die Bilder einlesen können – oder aber es wird direkt der Zoom-Browser gestartet.

SD-Kartenlesegeräte

Schon öfter habe ich sie erwähnt, nun möchte ich detailliert auf Sinn und Zweck von externen oder internen Kartenlesegeräten eingehen. Notebookbesitzer sind es ja schon lange gewohnt, ihre SD-Karten über einen PC-Card-Adapter direkt in ihr Notebook stecken zu können. Die Digitalkamera muss nicht über ein Kabel angeschlossen werden – unterwegs ein angenehmer Umstand! Da die Lesegeräte schon für unter 20 Euro zu bekommen sind, kann ich nur jedem Anwender zu dieser Anschaffung raten, denn es spart einiges an Kabelsalat.

Wer die langsame USB1.1-Schnittstelle nutzt, wird keinen Geschwindigkeitsgewinn feststellen. Allerdings schont der Einsatz eines SD-Kartenlesegerätes die Akkus der EOS und macht Sie unabhängiger. Bei USB2.0-Kartenlesern muss allerdings der Computer auch USB2.0 unterstützen, um den Geschwindigkeitsvorteil genießen zu können. Sollen die RAW/CR2-Daten der EOS auf dem PC abgelegt und archiviert werden, so ist der Einsatz sogar aufgrund der Datenmenge ein Muss! Achten Sie darauf, dass das Lesegerät an einem USB-Anschluss des Rechners angeschlossen wird, denn manche USB-Anschlüsse von Tastaturen oder Monitoren unterstützen nur die langsame Variante 1.1!

Durch den Einsatz eines SD-Kartenlesegerätes haben Sie keine Komfortverluste. Die Canon Software der Canon-Kameras unterstützt die Lesegeräte im gleichen Maße wie die EOS selbst – mit Bildvorschau, der Anzeige der Bildeigenschaften und allem Drum und Dran.

Canon Software
EOS Utility

Das EOS Utility fungiert als Schaltzentrale für alle Funktionen, die mit dem Anschluss der EOS an den MAC oder PC im Zusammenhang stehen. Die Bedienoberfläche ist aufgeräumt und kein Suchspiel mehr.
In den Voreinstellungen werden alle wichtigen Prozesse definiert - es macht also Sinn, einen genaueren Blick darauf zu werfen. Über die Voreinstellungen kann z.B. definiert werden, ob alle Bil-

der oder nur neue Bilder oder auch ausgewählte Einzelbilder auf den Rechner übertragen werden sollen. Außerdem kann man hier bereits für eine klare Archivstruktur sorgen, denn nichts ist schlimmer, als dass alle Bilder irgendwie img_0123.jpg heißen. Sinnvoll ist es zum Beispiel, wenn automatisch ein Ordner für das Jahr und den Monat angelegt wird und die Bilddaten dann nach Datum abgelegt werden. Sie können den Dateinamen selbst auch entsprechend definieren, z.B. mit Jahr/Monat/Tag plus einem eigenen Dateinamen, hier im Beispiel "Studio". Damit lässt sich die halbe Sortiererei von Anfang an automatisch abarbeiten.

Eine der spannendsten Funktionen des EOS Utility ist die Remote Capture Software. Neben einer Fernbedienung sorgt Sie auch für das kabelgebundene Shooting direkt in den PC.

Remote Capture
Durch Remote Capture lässt sich eine angeschlossene EOS über den Rechner ansteuern. Das ist bei weitem keine einfache Fernbedienung, sondern es lassen sich ein Fülle von Parametern, wie z.B. der Weißabgleich, Belichtungskorrekturen und Messmethode, Auflösung, JPEG-Modus und so weiter vom Rechner aus ansteuern. Generell kann man sagen, dass alle Funktionen, die über eine Taste funktionieren auch in Remote Capture zur Verfügung

SOFTWARE

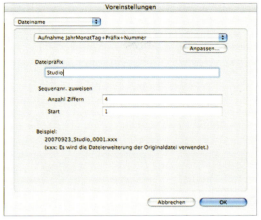

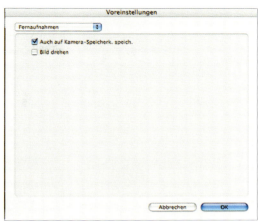

Das Voreinstellungen-Menü bietet eine Menge Konfigurationsmöglichkeiten. Die wichtigsten sind sicherlich die Farbmanagement-Einstellungen, die Einstellungen zur Umbenennung der Bilddaten und die Definition des Zielordners, in den Remote Capture hineinspeichern soll.

Praktisch: die Timer-Funktion on Remote Capture. Über sie lassen sich zum Beispiel Zeitrafferaufnahmen erstellen.

stehen. Lediglich die Wahl der Belichtungsautomatiken und das Abstellen des Autofokus funktionieren nicht. Die Aufnahmen mit Remote Capture werden wahlweise nur auf dem Rechner oder aber auch auf der Speicherkarte in der Kamera gespeichert. Über die Voreinstellungen können Sie das in der Rubrik Fernaufnahmen festlegen. Sie lösen die Kamera nun einfach per Mausklick auf den virtuellen Auslöser von Remote Capture aus - fertig.

Toll ist Remote Capture für Zeitrafferaufnahmen oder für knifflige Table-Top- und Makrofotos. Per Software lassen sich einfach die zeitlichen Abstände und die Anzahl der Aufnahmen einstellen. Eine Funktionalität, die man in analogen Zeiten nicht so ohne weiteres realisieren konnte.

Die Live View Funktion macht gerade im Zusammenspiel mit Remote Capture Sinn. Denn das Livebild wird per USB auch an den

215

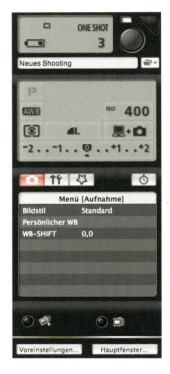 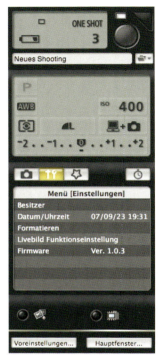 

*Links: Die Remote-Capture Funktion ist einfach zu bedienen und lässt vielfältige Einstellungen zu, bis hin zu den Picture Styles.
Mitte. Über das gleiche Menü lassen sich auch Einstellungen wie der Name des Besitzers auf die EOS überspielen.
Rechts: Auch das My Menu lässt sich über die Software bequem konfigurieren.*

Rechner geschickt und über Remote Capture angezeigt. Erstellen Sie zum Beispiel Table Top Aufnahmen im Studio, können Sie bequem über den kalibrierten Monitor des Rechners das Bild beurteilen. Der Clou: Per Mausklick können Sie das Objektiv fokussieren, sofern der Autofokus am Objektiv aktiviert wurde.
Auch die Lupenfunktion, die Gitternetzlinien und das Live-Histogramm werden angezeigt. Sie sehen: Live View ist mehr als ein LCD-Sucher, wie man ihn von digitalen Kompaktkameras kennt.

Aufnehmen direkt in den Rechner
Neben der Auslösung und Bedienbarkeit der Kamera vom Rechner aus, ist Remote Capture auch das Programm, das benötigt wird, um direkt beim Shooting in den Rechner zu fotografieren.

SOFTWARE

In diesem Falle wird also nicht vom Rechner aus ausgelöst, sondern wie gehabt an der Kamera. Dabei wird dann das aufgenommene Bild direkt per USB-Kabel an den PC übertragen und auch angezeigt.

Man muss eigentlich nur Remote Capture aktivieren und Digital Photo Professional starten. Die Kamera überträgt die Bilddaten in den Ordner der Festplatte, die Sie zuvor in den Voreinstellungen in dem Menü "Zielordner" definiert hatten. In Digital Photo Professional müssen Sie dann nur noch diesen Zielordner anwählen. Dann werden alle übertragenen Bilder direkt angezeigt und Sie haben die volle Bildkontrolle - auch über die Farben! Viele Profis arbeiten mit dieser Methode im Studio bei Portrait- oder Table Top Aufnahmen.

Über das EOS Utility lassen sich auch Benutzerinformationen, z.B. der Eigentümername in die Kamera übertragen, so dass diese Informationen dann später in den EXIF-Daten auftauchen. Auch lässt sich die Software für eine weitere Bildbearbeitung verlinken, z.B. DPP, Image Browser oder Adobe Photoshop.

Digital Photo Professional (DPP)

Digital Photo Professional ist konzipiert worden, um grundsätzliche Arbeitsschritte direkt und ohne Photoshop oder ähnliches durchführen zu können. Im Vordergrund steht bei DPP die umfangreiche RAW-Unterstützung mit all ihren Einflussmöglichkeiten auf das Bildergebnis.

Rezepte

Eine der Kernideen ist es, die Originaldateien immer unangetastet zu lassen, um bei späteren Bildbearbeitungen immer wieder auf das Original - die bestmögliche Datenquelle - zurückgreifen zu können. Alle in DPP durchgeführten Bildmanipulationen -

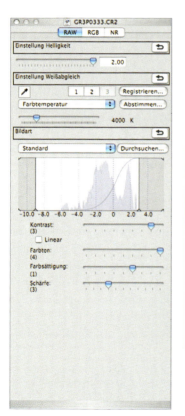

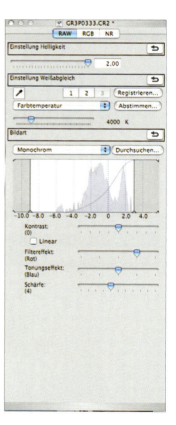

Ganz oben: das Urprungsbild.
Oben: nach der Bildbearbeitung werden auch die Indexbilder angepasst, so dass der Überblick bleibt.

Links: Das Originalportrait wurde im Stil der Crossentwicklung bearbeitet. Überbelichtung, kühle Farbwiedergabe durch niedrige Farbtemperatureinstellung werden durch eine hohe Farbsättigung und eine Farbtonverschiebung ergänzt. Rechts: Der schöne Schwarzweißeffekt wurde durch eine Belichtungskorrektur sowie der Anwendung des Rotfilters und der Blautonung erzielt. Beide Ergebnisse sehen Sie auf der Doppelseite 222/223.

selbst Bildausschnitte (!) - werden nur als so genanntes Rezept hinterlegt - eine Art Aktionen-Fahrplan. Sind alle Bildbearbeitungen abgeschlossen, werden die Bilder in DPP „konvertiert und gespeichert". Erst jetzt werden die eigentlichen Bildprozesse durchgeführt und in einen neue Datei überführt - das Original bleibt weiterhin unversehrt und steht für spätere Bearbeitungen noch zur Verfügung. Das ist eine absolut sichere Methode!

Einstellungen

In den Menüs für Grundeinstellungen kann DPP auf Ihre Bedürfnisse konfiguriert werden. Das beginnt bei dem Erscheinungsbild, der Festlegung der Bildauflösung in DPI und endet bei Rauschunterdrückung und Farbmanagement. Beim letzteren lassen sich Monitor und Druckerprofile für eine Farbsimulation hinterlegen. Aufpassen sollte man bei der CMYK-Simulation: Werden hier Farbprofile aktiviert, simuliert sie DPP immer, auch wenn nicht über einen Offset-Drucker ausgegeben werden soll. Wird über einen normalen Tintenstrahldrucker gedruckt, sollte dieses Feld auf „Ohne" eingestellt sein!

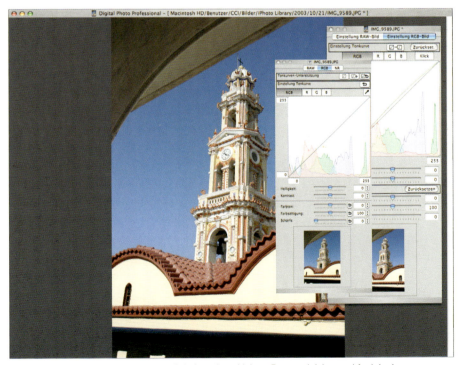

Die automatische Tonwertkorrektur wird über einen kleinen Button aktiviert und funktioniert hervorragend. Natürlich kann auch dieser Schritt jederzeit rückgängig gemacht werden.

SOFTWARE

Links: Im Menü "Einstellungen" werden wichtige Vorgaben für die die Arbeit mit DPP festgelegt. In den allgemeinen Einstellungen beeinflussen Sie beispielsweise den Zielordner, die Qualität der Bildbearbeitungsfunktionen und auch die Funktionalität der Software-Rauschunterdrückung.
Rechts: Da DPP in der Lage ist, Farben exakt über Farbprofile zu simulieren, sind die Farbmanagement-Einstellungen von zentraler Bedeutung. Der Arbeitsfarbraum sollte exakt festgelegt werden (z.B. AdobeRGB oder sRGB) ebenso die Farbsimulation für den (Tintenstrahl-) Druck. Hier wählt man am besten das Papierprofil des am häufigsten eingesetzten Papiers. Die CMYK-Simulation sollte deaktiviert sein, wenn nicht mit einer Druckerei zusammengearbeitet wird. Die Einstellung auf "relativ farbmetrisch" sorgt für eine exakte Farbwiedergabe.

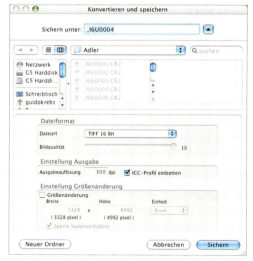 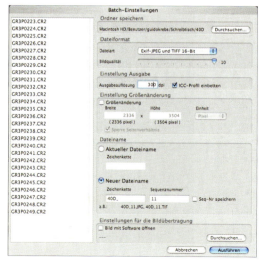

Links: Die Funktion "Konvertieren und speichern" erlaubt die Wahl des Dateityps (JPEG, Tiff 8 Bit, Tiff 16 Bit pro Farbkanal), die Zuweisung des DPI-Wertes und die Umberechnung der Pixel-Bildgröße.
Rechts. Die Stapelverarbeitung (Batch) bietet die gleiche Funktionalität, erlaubt aber auch das Umbenennen der Bilder in einem Rutsch. Alle Schritte werden dann im Hintergrund abgearbeitet. Das spart viel Zeit und Nerven.

SOFTWARE

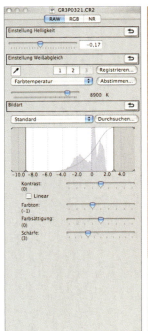

Links: in der Werkzeugpalette lassen sich umfangreiche Einstellungen mit Bildvorschau vornehmen. Hier wurde an Farbtemperatur und Belichtung "gedreht".
Mitte: das Resultat zeigt eine gefällige Bildstimmung.
Oben: In der Bildübersicht werden die vorgenommenen Bildbearbeitungen über kleine Icons angezeigt.

Diese beiden Bildbeispiele zeigen eindrucksvoll das Potenzial der DPP-Software und der RAW-Verarbeitung. Aus einem unterbelichteten Durchschnittsmotiv lässt sich durch die Einstellung von Farbtemperatur, Belichtung, Picture Styles und weiterer Parameter das Optimum herausholen - und das in Minutenschnelle.

RAW/RGB-Daten Handling
DPP unterscheidet bei den Bildbearbeitungswerkzeugen zwischen normalen RGB-Daten und RAW-Daten. Bei RGB-Daten kann man die typischen „Parameter"-Einstellungen wie Sättigung, Farbton, Schärfe etc. und eine automatische Tonwertkorrektur durchführen. Der Umgang mit RAW-Daten ist in DPP hingegen wesentlich umfangreicher möglich! Neben einer Belichtungskorrektur können auch die Parameter für Weißabgleich oder Farbtemperatur gesetzt werden.

Beim Weißabgleich besteht auch die Möglichkeit über eine Pipette den neutralen Farbton zu bestimmen, was präziser geht als in dem manuellen Weißabgleich in der EOS - und das alles in voller RAW Qualität. Spannend ist die Anwendung der Picture Styles in DPP auf RAW-Bilder. Das funktioniert nicht nur bei den Kameramodellen, die Picture Styles unterstützen, sondern auch bei allen anderen EOS-Modellen!

Neben den fünf Picture Styles stehen auch der beliebte Schwarzweißmodus und drei freie Einstellungen zur Verfügung. Hier können auf Basis der bestehenden Presets eigene Einstellungen gespeichert werden, oder aber neue Picture Styles aus dem Internet geladen werden. Natürlich lassen sich auch Farbton, Sättigung und Schärfe beeinflussen. Auch diese Operationen werden als Rezept angelegt und können jederzeit wieder geändert werden!!!

Rauschen reduzieren
Am besten Sie lassen die Rauschunterdrückung in der EOS 450D immer ausgeschaltet (außer bei Langzeitaufnahmen). Denn in DPP können Sie die Stärke der Rauschunterdrückung über den dritten Reiter der Werkzeugpalette oder das Einstellungen-Menü viel besser beurteilen und einstellen. DPP unterscheidet bei RAW-Daten zwischen Luminanzrauschen (das ist das eher farblose Grisseln) und Chrominanzrauschen (das ist die meist störende bunte Variante des Bildrauschens). Über Schieberegler und eine Bildvorschau kann das Rauschen, falls es wirklich so stark ist, dass es stört, präzise und für das Bild passend unterdrückt werden. Fotografieren Sie einfach mal mit ISO 1600 und probieren Sie die Funktion aus, um ein Gefühl dafür zu bekommen.

SOFTWARE

Staublöschungsdaten
Werden bei der EOS 450D Staublöschungsdaten aufgezeichnet, so kann der Staub, der noch auf der Aufnahme sichtbar ist, auf Knopfdruck herausgelöscht werden. Am besten, man aktiviert diesen Prozess erneut vor jeder größeren Foto-Session. Die Bilddateien werden nur unwesentlich größer und man geht auf Nummer Sicher.

Einfach per Mausklick lassen sich in der DPP-Software über die Staublöschungsdaten der verbliebene Staub im Bild herausretuschieren.

Batchverarbeitung
Damit auch alles schnell und bequem funktioniert, können in Ruhe alle Rezepte erstellt werden. Erst zum Schluss werden alle bearbeiteten Bilder in einem Rutsch per Stapelverarbeitung (Batch) im Hintergrund berechnet. Hierbei können auch gleich die Bilder umbenannt werden. Auch können Sie wählen, ob die Bilder als JPEG, 8Bit-Tiff oder 16Bit-Tiff (16 Bit pro Farbkanal, also 48 Bit Farbtiefe gesamt) oder in Kombination abgespeichert werden sollen. Außerdem können hier noch einmal Dateinamen, Speicherort und sowohl die Bildgröße als auch die DPI-Auflösung neu definiert werden.

Objektivkorrektur mit DPP
Mit DPP 3.3 können auch von RAW-Daten optische Restfehler von Objektiven herausgerechnet werden - wie immer auf Basis von Rezepten, die jederzeit rückgängig oder verändert werden

225

SOFTWARE

Links: ohne Objektivkorrektur sieht man deutlich die dunklen Bildecken. Rechts: mit Objektivkorrektur in DPP 3.3 werden die Vignettierung und Verzeichnung auf Knopfdruck beseitigt. Das Bildergebnis ist deutlich besser als vorher.

können. Verzeichnung, Vignettierung und chromatische Aberration können auf Knopfdruck behoben werden. Dabei können Sie die Stärke der Korrekturen noch beeinflussen. Sofern die Objektive die Entfernungsinformationen übertragen, werden die Korrekturen sogar in Abhängigkeit von der Aufnahmeentfernung korrigiert. Anfangs werden etwa 30 neue und auch ältere Canon-Objektive unterstützt. Weitere kommen dann bei weiteren Updates hinzu.

Druckfunktionen

In der aktuellen Version von DPP sind auch die Druckfunktionen deutlich verbessert worden. Über das DPP-eigene Druckmenü können sowohl Einzelbilder, als auch Kontaktabzüge gedruckt werden. Dabei können die Drucke sehr individuelle konfiguriert werden. Texte, Ränder, Anzahl der Bilder pro Kontaktabzug etc. lassen sich alle individuell gestalten. Darüberhinaus gibt es noch die Funktion „Plug-In drucken", die auf die beliebten Canon Programme „Easy Photo Print" bzw. „Easy Photo Print Pro" verlinkt.

SOFTWARE

Oben: Die neuen Druckmenüs für Einzelbilder und Kontaktabzüge zeigen eine Fülle von Gestaltungsoptionen von Texteingabe bis zum Randabstand. Zusätzlich gibt es in Verbindung mit Canon Druckern noch das Plug-In-Drucken über Easy-Photo-Print (Pro).

DPP ist für die meisten Bildbearbeitungen, die nicht in das Kreative abzielen, mehr als ausreichend und dabei sehr einfach zu bedienen und effizient. Der Rezept-Ansatz ermöglicht es später immer wieder neue Ideen umzusetzen, um dabei immer auf der sicheren Seite zu sein.

Image Browser

Das im Vergleich zu DPP einfache Programm bietet neben Bildübersicht und Bildauswahl auch eine RAW-Unterstützung. RAW-Daten können hier bearbeitet werden, aber nicht mit dem gleichen Funktionsumfang wie bei DPP.

Farbmanagement

Grundlagen zu Farbräumen

In der digitalen Welt werden Farb- und Helligkeitsinformationen Werten zwischen 0 und 255 zugeordnet. Dabei wird noch nicht festgelegt, welcher Zahlenwert welcher Farbe tatsächlich entspricht! Damit die Bildbearbeitungssoftware, der Monitor und der Drucker später wissen, über welche Farbe man spricht, definiert man so genannte Farbräume. Farbräume legen klar definiert fest, welcher Farbumfang dargestellt wird und wie ein digitaler Zahlenwert in eine Farbe innerhalb dieses Farbumfangs umgesetzt werden muss. Auch wird festgelegt, bei welcher Farbtemperatur (siehe Kapitel Weißabgleich) und Gradation die Farben betrachtet werden sollen!

Grundsätzlich können Bilddateien von einem in den anderen Farbraum umgewandelt werden. Wird in einen größeren Farbraum konvertiert – also in einen Farbraum mit einem größeren darstellbaren Farbumfang – so geschieht das nahezu verlustfrei. Wird in einen kleineren Farbraum umgewandelt, gehen Farbinformationen unwiederbringlich verloren. Sie sehen, dass eine Farbraumzuordnung mit Bedacht geschehen sollte. Diese Umwandlung in unterschiedliche Farbräume geschieht über so genannte Farbprofile.

Farbprofile
Sie geben der Bildbearbeitungssoftware die Berechnungsgrundlage für eine standardisierte und damit nachvollziehbare Farbumwandlung. Diese Farbprofile gibt es für Monitore, Scanner und Drucker. Bei Kameras hält man sich dabei etwas zurück, da unter sehr unterschiedlichen Aufnahmebedingungen fotografiert wird. Lediglich unter standardisierten Studiobedingungen machen Kameraprofile einen Sinn, weshalb man sich bei den Canon EOS Modellen darauf beschränkt, einen generellen Kamerafarbraum zu benennen, nämlich sRGB oder alternativ Adobe RGB.

Da Kameras, Scanner, Monitore und Drucker die Farbinformationen unterschiedlich erzeugen, unterscheiden sich die darstellbaren Farbräume dieser Geräte voneinander, zum Teil erheblich. Kameras und Scanner lesen Farben über RGB-Sensoren, Monitore stellen Farben über RGB-Phosphore oder TFTs dar, Drucker erzeugen ihre Farben mindestens über vier Farben, nämlich Zyan, Magenta, Gelb und Schwarz (CMYK). Damit wird auch beim Farbmanagement eine klare Grenze gesetzt: Es ist nicht möglich, dass alle betroffenen Geräte alle Farben identisch wiedergeben – das verhindern allein schon die verschiedenen Methoden der Farberzeugung. Das Farbmanagement dient vielmehr dazu, sich auf eine koordinierte Darstellung der Farben zu verständigen und so viele Farben wie möglich identisch darzustellen.

Gebräuchliche Farbräume

In der Praxis haben sich einige Farbräume als praktikabel erwiesen und sind daher weit verbreitet. Die folgende kurze Übersicht zeigt Ihnen die Vor- und Nachteile der wichtigsten Standards.

sRGB

Der sRGB Farbraum ist der gebräuchlichste, aber auch der kleinste Farbraum. Man hat sich hier praktisch auf den kleinsten gemeinsamen Nenner verständigt. Auch mittelmäßige Drucker und Monitore können diesen Farbumfang vernünftig darstellen. Wenn Sie im sRGB Farbraum arbeiten, gehen Sie zwar kein Risiko ein, aber Sie verschenken Potenzial, das in Ihrer EOS steckt.

Der sRGB Farbraum ist für eine Farbtemperatur von 6500° Kelvin berechnet, was zwar für die Monitorbetrachtung vernünftig gewählt ist, nicht aber der Betrachtungsnorm für Drucke entspricht. Diese liegt bei 5000° Kelvin und wird auch als Normlicht D50 bezeichnet.

Der Farbraum sRGB arbeitet mit einer Gradation von 2.2, was dem Standard in der Windows-Welt entspricht. Apple MAC Systeme arbeiten mit der Gradation 1,8.

Adobe RGB

Der Adobe RGB Farbraum ist in der Lage, einen deutlich größeren Farbraum darzustellen. Die aktuellen Fotodrucker können den Farbumfang von Adobe RGB gut ausnutzen, viele Monitore aber nicht. Sie stellen Farben der Grenzbereiche mitunter nicht mehr nuanciert dar, sie wirken flächig. Auf das Druckergebnis hat dieser Umstand aber keinen Einfluss, da die Monitordarstellung beim Farbmanagement von der Druckdarstellung abgekoppelt ist.

Auch der Adobe RGB Farbraum ist für eine Betrachtung mit einer Farbtemperatur von 6500° Kelvin gedacht, was wie beim sRGB Farbraum nicht der Norm für Drucke entspricht.

Dennoch empfiehlt sich Adobe RGB bei den EOS-Modellen, die dies unterstützen, als Aufnahmefarbraum für hohe Ansprüche und bei Erfahrung in der Nachbearbeitung.

ECI-RGB
Der ECI-RGB Farbraum arbeitet mit einem ähnlich großen Farbumfang wie Adobe RGB, löst aber das Farbtemperaturproblem. ECI steht für European Color Initiative und ist ein offizielles Anwendergremium der grafischen Industrie. Mit dem ECI-RGB Farbraum stellt die ECI-Organisation einen Quasi-Standard, der praxisnah professionellen Anforderungen gerecht wird. Das ECI-RGB Farbprofil kann man kostenlos unter **www.eci.org** herunterladen.

Der ECI-RGB Farbraum ist meine Empfehlung als Arbeitsfarbraum unter Adobe Photoshop.

Arbeitsfarbraum

Der Arbeitsfarbraum stellt beim Arbeiten mit Adobe Photoshop oder Photoshop Elements den Bezugsfarbraum her, von dem alle weiteren Aktionen der Software ausgehen. Bilder der EOS werden in den Arbeitsfarbraum konvertiert, um dann wiederum über die Grafikkarte durch das Monitorprofil eine annähernd farbrichtige Betrachtung am Bildschirm bzw. über den Druckertreiber zu einer annähernd farbrichtigen Darstellung der Bilder im Druck zu gewährleisten. Das klingt komplizierter als es ist, denn es muss nur einmal konfiguriert werden. Mehr dazu im Workflow-Abschnitt.

Eine korrekte Zuweisung des Arbeitsfarbraumes ist für alle weiteren Schritte extrem wichtig. Wer die EOS im sRGB Modus nutzt, sollte die Bilder auch dem sRGB Arbeitsfarbraum zuweisen. Im Adobe RGB Farbraum aufgenommene Bilder, können in den Adobe RGB oder ECI-RGB Arbeitsfarbraum konvertiert werden. Wichtig hier: Immer eine konkrete Zuweisung vornehmen, nicht das Farbmanagement ablehnen (siehe Screenshot). Bei Adobe Photo-

FARBMANAGEMENT

Oben: Aufnahme im sRGB Farbraum. Einige Bereiche des Bildes wirken flächig und wenig differenziert. Unten: Aufnahme im Adobe RGB Farbraum. Man sieht wesentlich mehr Nuancen. Das Bild wirkt aber nicht mehr so knackig. Beide Fotos wurden für den Druck in den ECI-RGB Farbraum umgewandelt.

shop Elements ist nur der Arbeitsfarbraum sRGB und Adobe RGB möglich. Wer das Farbmanagement deaktiviert, arbeitet automatisch in sRGB. Wenn es aktiviert wird, ist automatisch Adobe RGB als Arbeitsfarbraum aktiv. Adobe Photoshop 7.0 bis CS3 bieten ein vollständiges Farbmanagement und sind für das Arbeiten mit Farbmanagement auch dringend zu empfehlen.

Monitor richtig einstellen

Bevor wir zum eigentlichen Farbmanagement-Workflow gelangen, muss der Monitor noch vernünftig eingestellt werden, denn häufig sind die Werkseinstellungen viel zu hell und zu kontrastreich, so dass der Monitor Bilder völlig falsch darstellt. Auch sollte der Monitor – wenn möglich – auf eine zum gewünschten Arbeitsfarbraum passende Farbtemperatur eingestellt werden, also 5000° oder 6500° Kelvin.

Adobe liefert zusammen mit Photoshop Elements und Photoshop ein kleines Programm mit, das die optimale Einstellung eines Monitors erheblich erleichtert. Es heißt Adobe Gamma, und ist unverständlicherweise weder über ein Icon, noch über die Programmleiste zu finden.

In der Windows-Welt findet man das Programm unter

"C:\Programme\GemeinsameDateien\Adobe\ Calibration\Adobe Gamma.cpl".

Über ein klar verständliches Menü (siehe unten) wird man nun durch die unterschiedlichen Einstellungen für Monitor und Grafikkarte geführt, um am Ende ein Farbprofil zu speichern, das Ihnen eine einigermaßen zuverlässige Vorhersage der Farben ermöglicht. Also: a) bitte dieses Programm unbedingt nutzen und b) nicht am Monitor Geld sparen – das rächt sich. Wichtig bei Windows-Rechnern: Das Farbprofil muss in dem Grafikkarten-Moni-

FARBMANAGEMENT

Monitorprofilauswahl bei MAC OS X

Monitorprofilauswahl unter Windows im Grafikkarten/Monitor-Menü.

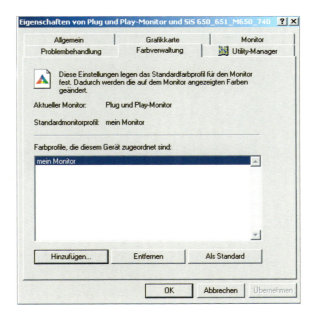

tor-Menü unter Anzeige/Eigenschaften/Farbverwaltung hinterlegt werden. Sollte das Menü Farbverwaltung nicht existieren, unterstützt Ihre Grafikkarte keine Farbprofile (auch ICC-Profile genannt). Sie benötigen dann leider eine neue Grafikkarte, die ICC-kompatibel ist. Dieses Menü sorgt dafür, dass Ihnen die Grafikkarte und der Monitor die Bilder über das Farbmanagement korrekt in Photoshop oder Photoshop Elements anzeigen. Daher sind die oben genannten Schritte eine wichtige Ausgangsbasis für alle weiteren Schritte. Unter Apple MAC Betriebssystem finden Sie die Möglichkeit, den Monitor zu kalibrieren, bei Systemeinstellung, Rubrik Monitor. Sie dürfen an dem

Monitor ab jetzt keinerlei Einstellungen mehr manuell vornehmen, auch nicht die für Helligkeit oder Kontrast. Alle Kalibrierungen würden sonst zunichte gemacht.

Da Monitore einem Alterungsprozess unterliegen, sollte nach einigen Monaten die Monitorkalibrierung erneut durchgeführt werden.

Tipp:
Sparen Sie nicht beim Monitor. Schließlich ist er das Bindeglied zwischen der Bilddatei und Ihren Augen, die das Bildergebnis und auch die Farben beurteilen müssen. Der Monitor sollte mindestens die Möglichkeit bieten, die Farbtemperatur einzustellen. Gute TFT-Bildschirme sind noch immer sehr teuer. Sehr preiswerte TFTs bieten in der Regel nicht die Bildqualität, die Sie benötigen.

Die optimale Wahl wäre ein Monitor mit kombiniertem Farbmessgerät, das im Zusammenspiel mit der Monitorhardware ein individuelles Profil misst. Diese Lösungen sind nicht mehr so teuer wie noch vor ein paar Jahren. Ein professioneller, Hardware-kalibrierbarer 21 Zoll Monitor ist inklusive Messgerät schon für unter 1500,- zu bekommen, z.B. von Quato. Auch bei Eizo finden Sie über Messgeräte kalibrierbare Monitore. Solche Systeme kalibrieren die Farben nicht nur über das zu erstellende Farbprofil, sondern nehmen auch Einfluss auf die hardwareseitige Abstimmung des Monitors. Diese Verfahrensweise ist optimal.

Monitor-Messgeräte finden Sie zu moderaten Preisen auch für Standard-Monitore. Hierbei werden die Farbeigenschaften komplett über das zu erstellende Farbprofil gesteuert. Die Ergebnisse sind dabei aber nicht mit Hardware-kalibrierbaren Monitoren vergleichbar – trotzdem stellt diese Lösung einen guten preislichen Kompromiss dar.

Workflow
Nachdem Sie den Monitor über Messgerät oder Adobe Gamma kalibriert haben, empfehle ich für Adobe Photoshop zwei Workflows.

Der einfache sRGB Workflow

Schritt 1: Im Menü Farbeinstellungen von Photoshop als RGB-Arbeitsfarbraum „sRGB IEC" wählen. Erweiterten Modus auf „aus". Unter Farbmanagement Richtlinien wählen: „in RGB-Arbeitsfarbraum konvertieren" (Wenn es ganz einfach bleiben soll, auf „aus" einstellen).

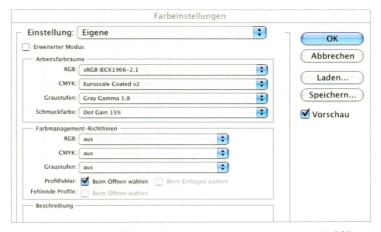

Im einfachen sRGB-Workflow werden alle Arbeitsfarbräume auf sRGB gesetzt. Das Farbmanagement wird abgeschaltet und damit dem Drucker überlassen. Diese Einstellungen müssen aber vorgenommen werden, da im Photoshop u.U. andere Einstellungen voreingestellt sind.

Schritt 2: Drucken mit den üblichen Druckertreibereinstellungen. Das Farbmanagement des Druckers übernimmt der Druckertreiber. Dies ist die Standard-Konfiguration, in der Sie bislang gewohnt waren, zu arbeiten.

Der ECI-RGB Workflow

Schritt 1: Im Menü Farbeinstellungen als RGB-Arbeitsfarbraum „ECI-RGB" wählen. Photoshop bietet dieses Profil standardmäßig nicht an, Sie müssen es im Internet herunterladen. Erweiterten Modus auf „an". Unter Farbmanagement Richtlinien wählen: „in RGB-Arbeitsfarbraum konvertieren". Unter Konvertierungsoptionen bitte Apple „ColorSync" oder „Adobe CMM" und „relativ farbmetrisch" aktivieren. Die Tiefenkompensation und Dither sind ebenfalls aktiviert.

Farbmanagement

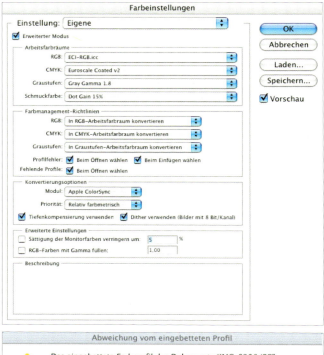

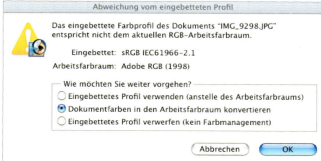

Oben: So zeigt sich das Menü „Farbeinstellungen" von Adobe Photoshop, wenn alle Einstellungen richtig gesetzt wurden.
Unten: beim Öffnen von Bilddateien erscheint dieses Menü. Am Einfachsten ist es, wenn man direkt in den Arbeitsfarbraum konvertiert. Dieser Schritt kann aber auch später geschehen – was man aber ggf. vergisst.

Schritt 2: Zum Drucken das Menü „Drucken mit Vorschau" wählen. Hier müssen nun die weiteren Optionen aktiviert werden. Im Menü Farbmanagement den Quellfarbraum „ECI-RGB bestätigen". Für den Druckfarbraum wird nun bereits „relativ farbmetrisch" angezeigt. Als Profil wird nun nicht „Drucker-Farbmanagement" oder „wie Quelle" aktiviert, sondern das passende

Farbmanagement

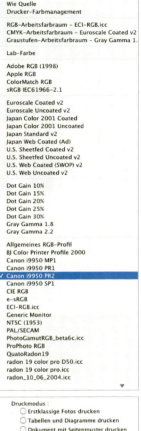

Oben: Durch die gezeigten Einstellungen übernimmt Adobe Photoshop das komplette Farbmanagement. – auch das des Druckers!
Rechts: Über die Farbprofilliste im Menü „Druckfarbraum/Profil" wird sowohl der Drucker als auch das Papier zugewiesen. Für das PR-101 stehen gar zwei Einstellungen zur Verfügung, die unterschiedliche Druckqualitäten repräsentieren. PR1 steht für die feinste Einstellung mit dem Regler in der rechten End-Position. Das zeigt, wie sensibel das ganze System reagiert.

Drucker/Papier-Farbprofil! Dafür stehen mehrere Profile, je nach Druckertyp, zur Verfügung, z.B.:

- „Canon i9950 PR1" für PR-101, Druckqualität: Einstellung auf ganz rechts (fein)
- „Canon i9950 PR2" für PR-101, Druckqualität: Einstellung auf 2. von rechts
- „Canon i9950 MP1" für MP-101
- „Canon i9950 SP1" für PP-101 und SG-101

Schritt 3: Nun muss noch der Druckertreiber so eingerichtet werden, dass er korrekt mit den Farbprofilen aus Photoshop arbeitet. Hierzu muss das Farbmanagement des Druckers ausgeschaltet werden, damit es nicht doppelt angewendet wird. Schließlich gibt Adobe Photoshop den Druckauftrag schon profiliert an den Drucker.

Unter Apple MAC muss im Menü Farboptionen der Menüpunkt Farbkorrektur auf „keine" gesetzt werden.

Unter Windows muss das Menü Farbeinstellung im Treiber auf „manuelle Farbeinstellung" eingestellt werden. Um das Drucker-Farbmanagement zu deaktivieren, da ja Photoshop diese Aufgabe übernimmt, muss als Bildtyp „keine" gewählt werden. Alle anderen Einstellungen wie „Vivid Photo" etc, die einen Einfluss auf die Farbdarstellung haben, müssen ebenfalls deaktiviert werden. Entsprechend muss verfahren werden, wenn Adobe RGB als Arbeitsfarbraum gewählt wurde.

Das alles klingt anfangs reichlich kompliziert, ist es aber gar nicht, da diese Einstellungen nur einmal konfiguriert werden müssen. Druckt man immer nach diesem Verfahren, ist es eine Standardeinstellung wie jede andere auch. Die anfängliche Mühe ist es aber wert.

Beim Apple MAC OS X wird die Farbkorrektur einfach über das Untermenü „Farboptionen" ausgeschaltet.

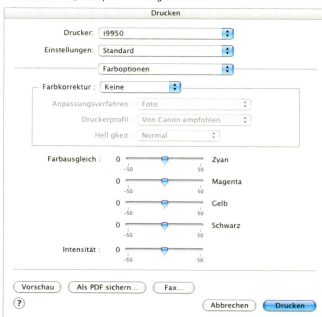

FARBMANAGEMENT

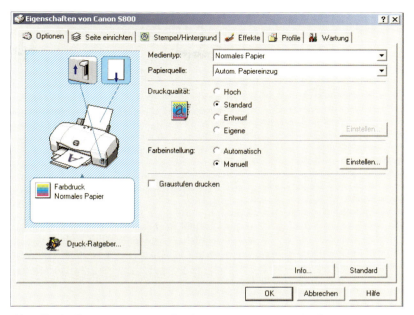

Oben: Um das Farbmanagement des Druckers auszuschalten, wird das Menü „Farbeinstellung" auf „manuell" gesetzt.
Unten: in diesem Menü wird nun der Bildtyp „keine" ausgewählt.
Wichtig: Auch Zusatzfunktionen wie „Image Optimizer" etc. müssen deaktiviert werden.

Bearbeiten

Auch wenn die Canon Digitalkameras und Scanner gute Ergebnisse liefern, ist es dennoch sinnvoll, die Bilder im PC zu optimieren. Zum einen, um das Letzte an Qualität herauszuholen, und zum anderen, um die Bilddaten auf den Ausdruck optimal anzupassen. Damit Sie dafür gerüstet sind, ist aber noch etwas Vorarbeit notwendig.

Allgemeines zur Software

Es gibt eine Vielzahl von Bildbearbeitungssoftwares – gute und weniger gute. Die mit den Canon Digitalkameras mitgelieferten Programme eignen sich für fast alle anfallenden Arbeiten an den Bildern – insbesondere der Einsteiger wird gut damit zurechtkommen.

Sollen aber hochpräzise und wiederholbare Ergebnisse erzielt werden, so kommen Sie früher oder später nicht umhin, sich eine Version von Adobe Photoshop zu kaufen.
Adobe Photoshop, der Quasi-Standard in der professionellen Bildbearbeitung, bietet neben den üblichen Standards auch die Unterstützung des 48-Bit Modus' – für alle wichtig, die im RAW-Modus arbeiten möchten -, professionelles Farbmanagement, ausgefeilte Ebenentechnik, die volle Unterstützung von Grafiktabletts und eine Vielzahl professioneller Retuschetools. Zwar ist dieses Programm sehr kostspielig, aber in Relation zu den Möglichkeiten und der gebotenen Qualität der Werkzeuge, ist es sein Geld Wert. Schließlich hat man früher ähnliche Geldbeträge auch in das heimische Fotolabor investiert....

Bildoptimierung mit Photoshop und Photoshop Elements – die wichtigsten Funktionen

Diese Kapitel sollen die wichtigsten Funktionen zur Bildoptimierung erklären. Dabei soll neben Tipps für praxisgerechte Einstellung auch die Reihenfolge besprochen werden, in der diese Funktionen angewendet werden sollten. Dabei stehen allein die Funktionen im Vordergrund, die Ihnen helfen, eine perfekte Bildausgabe zu erzielen. Perfekte Bilddateien bilden natürlich auch die ideale Ausgangsbasis für kreative Techniken.

Kreative Funktionen werden aber hier kein Thema sein: Probieren Sie Kreativfunktionen einfach aus und lassen Sie Ihrer Fantasie freien Lauf. Viele tolle Effekte kommen hier durch Zufall zustande. Regeln gibt es keine, darf es auch nicht geben. Letztendlich ist der Einsatz von Kreativfunktionen allein eine Frage des persönlichen Geschmacks – erlaubt ist, was gefällt.

Das Histogramm: perfekte Kontrolle

Auch in der Bildnachbereitung gilt: Bitte nutzen Sie das Histogramm zur Bildkontrolle! Das Histogramm ist auch hier eine grafische Darstellung der Helligkeitsverteilung in Ihrer Bilddatei, nur etwas detaillierter als auf dem Monitor Ihrer Digitalkamera. Die x-Achse (horizontal) zeigt Ihnen das vollständige Helligkeitsspektrum auf, und zwar alle 256 Helligkeitsstufen (= 8 Bit) pro Farbe durch die Werte 0 bis 255. Die y-Achse (senkrecht) zeigt die Anzahl der Bildpunkte eines entsprechenden Helligkeitswertes im Bild.

Je höher der Ausschlag des Diagramms, desto mehr Bildpunkte weisen denselben Helligkeitswert auf. Hat das Histogramm Lücken, werden einige Helligkeitsabstufungen nicht dargestellt, was z.B. zu stufigen Verläufen führen kann. Befinden sich in dem rechten oder linken Bereich des Histogramms keine Werte, be-

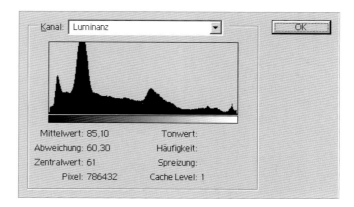

sitzt Ihre Bilddatei kein reines Weiß oder kein reines Schwarz – beides ist Grund für eine flaue oder matschige Bilddarstellung. Eine optimale Bilddatei deckt alle Helligkeitswerte von 0 bis 255 ab. Bis auf wenige Ausnahmen sollte Ihr erstes Ziel sein, die Lücken im Histogramm zu schließen. Nutzen Sie deshalb das Histogramm zur Kontrolle.

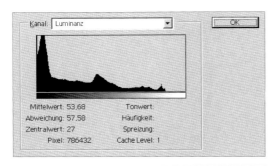

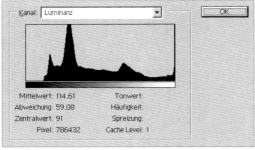

Die Helligkeitsfunktion verschiebt die Helligkeitsverteilung, beschneidet aber den Tonwertumfang – gut erkennbar an den Lücken links und rechts. Oben: dunkler. Unten: heller.

Finger weg: Korrekturen mit der Helligkeitsfunktion!

Zu Anfang möchte ich Ihnen eine Funktion vorstellen, die Sie bitte tunlichst nicht nutzen, da sie die Bilder verschlechtert, statt sie zu verbessern: den Helligkeitsregler! Probieren Sie diese Funktion aus und kontrollieren Sie das Ergebnis über das Histogramm. Die Helligkeitsverteilung wird sich nicht verbessern, sondern nur verschieben! Haben Sie zuerst Lücken in den dunklen Bereichen des Histogramms, so wird nach einer Verringerung der Helligkeit zwar diese Lücke geschlossen, aber nun klafft eine Lücke in den hellen Histogrammbereichen!

Interessant ist die Helligkeitsfunktion nur, wenn Sie z.B. bei Präsentationen ein Hintergrundmotiv suchen, das nur sehr zart angedeutet ist. Der Helligkeitsregler fungiert hier als Effektfilter.

Tonwertanpassung

Wenn Sie im Photoshop die Funktion Tonwertkorrektur aufrufen, sehen Sie bereits das Histogramm und einige Schieberegler darunter. Zeigt das Histogramm schon jetzt keine Lücken am linken und rechten Rand, können Sie diese Funktion wieder verlassen. Meistens wird es aber zumindest an einer Seite einen vielleicht auch kleinen Bereich geben, bei dem keine Helligkeitswerte existieren.

BEARBEITEN

Um den Tonwertumfang des Bildes auf den Bereich 0 bis 255 auszudehnen, schieben Sie den linken und rechten Regler soweit, dass sie bis an die ersten dargestellten Helligkeitswerte reichen. Diese Methode verändert nicht die Farbbalance.
Wenn Sie die Lichter- und Schattenpipette nutzen, um den Weiß- und Schwarzpunkt zu setzen, wird der Tonwertumfang ebenfalls optimiert, aber auch die Farbbalance gegebenenfalls verändert.

Tipp:
Manchmal sehen Sie im Histogramm einen kurzen deutlichen Anstieg an Helligkeitswerten, danach sind aber wiederum keine Helligkeitswerte zu erkennen. Dabei kann es sich z.B. um Spitzlichter handeln, die möglicherweise gar nicht bildrelevant sind. In einem solchen Fall sollten Sie den jeweiligen Schieberegler bis zur Grenze des zweiten Helligkeitsberges ziehen und in der Vorschau kontrollieren, was passiert ist. Es ist meist klar zu erkennen, welcher Wert in der Tonwertkorrektur der Bessere war.

Bei kontrastarmen Motiven helfen im Nachhinein die Tonwertanpassung und die Gradationskurven.

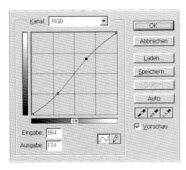

Gradationskurven

Der zweite Schritt ist die Gammakorrektur oder auch Gradationskorrektur. Auf den ersten Blick ähnelt der Effekt dieser Korrektur der Anwendung des Helligkeitsreglers: Das Bild erscheint heller oder dunkler. Ein Blick auf das Histogramm nach der Korrektur zeigt aber, dass die Helligkeitsgrenzwerte die Alten geblieben sind – Schwarz bleibt Schwarz, Weiß bleibt Weiß. Lediglich die Helligkeitsverteilung dazwischen hat sich verändert. Dieser Effekt ist im klassischen Fotolabor mit der Wahl einer anderen Papiergradation zu vergleichen: Leuchtendes Weiß und sattes Schwarz werden hier durch die Papierbelichtung und die Entwicklungszeit bestimmt; die Wahl der Papiergradation bestimmt, ob das Bildergebnis hart oder weich wirkt.

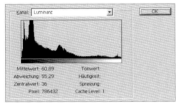

Genau den gleichen Effekt steuern wir mit der Gradationskorrektur. Gegenüber dem mittleren Regler bei der Tonwertkorrektur – mit dem auch die Gradation grob eingestellt werden kann – ist die Gradationskorrektur wesentlich vielseitiger. Ich kann der Gradationskurve mehrere Anfasser zuweisen und die Kurve dadurch beinahe beliebig verbiegen. Neben im Extremfall solarisationsähnlichen Effekten können Sie mit dieser Funktion die Brillanz des Bildes deutlich erhöhen.

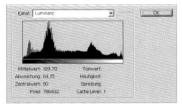

Oben: Gammakorrektur in S-Form macht Fotos „knackiger".
Mitte und unten:
Die Gammakorrektur verändert die Verteilung der Helligkeitsstufen, belässt aber den ursprünglichen Tonwertumfang.

Tipp:
Stellen Sie die Kurve so ein, dass sie die Form eines leichten „S" erhält. Schatten- und Lichterpartien bleiben weich, der wichtige mittlere Tonwertbereich wird kontrastreicher und „knackig".

Selektive Farbkorrekturen

Eine schöne Funktion zur Bildverbesserung ist die selektive Farbkorrektur. Das Himmelblau etwas blauer, der Wald etwas frischer und die Haut des Models etwas sommerlicher – alles das kann sehr einfach erzielt werden. Doch bitte mit Bedacht, denn schnell wirken die Fotos durch zu starke Korrekturen unnatürlich!

Eine ähnliche Funktion hat die Funktion „Farbton & Sättigung": Hier können über alle Farben oder die sechs Grundfarben Rot,

Grün, Blau, Gelb, Magenta, Zyan selektiv Farbton und Sättigung geändert werden. Aber auch hier sollten Sie Veränderungen mit Vorsicht vornehmen.

Bei zu hoher Sättigungseinstellung reißen Farbflächen gerne auf oder wirken körnig. Werte über 20% sollten hier in der Regel nicht gewählt werden.

Unscharfmaskierung

Photoshop bietet mehrere Funktionen zum Nachschärfen von Bildern an, wobei die Funktion „Unscharfmaskierung" eigentlich nicht nach Schärfen klingt und auch einigermaßen schwierig zu bedienen ist. Dennoch lohnt die Mühe, denn diese Funktion bringt mit Abstand die besten Ergebnisse hervor!

Der Begriff Unscharfmaskierung kommt übrigens auch aus der klassischen Fotografie: Auch hier bedient man sich zur Steigerung der Kantenschärfe einer unscharfen Maske, die zusammen mit dem Negativ auf das Fotopapier belichtet wird. Durch diese

unscharfe Maske lässt sich wie bei Photoshop die Kantenschärfe erhöhen. Wieso nur Kantenschärfe? Schärfe beurteilt das menschliche Auge an Details, die auch als Wechsel von einer helleren auf eine dunklere Fläche beschrieben werden können. Dieser Wechsel wird auch als Kante bezeichnet. Ein Schärfeeindruck wird immer durch Kantenschärfe hervorgerufen, niemals über Flächen. Wenn nun auch Flächen geschärft werden – das geht, da Flächen nie 100%ig homogen sind –, werden nur inhomogene, körnige Flächen erzielt, aber das Bild wirkt dabei nicht schärfer.

Die Unscharfmaskierung konzentriert sich deshalb nur auf die Kanten in einem Bild, die relevant für den Schärfeeindruck sind. Photoshops Unscharfmaskierung lässt sich über drei Parameter einstellen: Stärke, Radius und Schwellenwert.

> **Tipp:**
> Als Ausgangsbasis bei der EOS 450D mit der Einstellung des Pictures Styles „Standard", Portrait" oder "Landschaft" nutze ich folgende Einstellungen bei ISO100 bis 400: Stärke 150, Radius zwischen 0,6 und 0,8, Schwellenwert 5.
> Als Ausgangsbasis bei der EOS 450D mit dem Picture Style „Neutral" nutze ich folgende Einstellungen bei ISO100 bis 400: Stärke 150, Radius zwischen 1,0 und 1,5, Schwellenwert 5.
> Bei hohen Empfindlichkeiten sollte man Stärke und Radius etwas schwächer einstellen, bzw. den Schwellenwert deutlich anheben.

Fangen wir beim Letzteren an: Der Schwellenwert regelt, ab welchem Kantenkontrast die Unscharfmaskierung greifen soll. Geben Sie einen niedrigen Wert ein, so werden auch kontrastarme Strukturen geschärft. Das ist bei Landschafts- und Naturaufnahmen schön, da sie dadurch knackig scharf wirken. Bei Portraits hingegen ist dieser Effekt eher unerwünscht, denn alle Hautunreinheiten treten verstärkt hervor. Hier sollten Sie einen deutlich höheren Wert einstellen. Als gute Ausgangsbasis nutze ich den Wert 20 bei Portraits und 5 bei allen anderen Motiven.

Mit der Einstellung der Stärke regeln Sie die Schärfung innerhalb des Radius und ab der Überschreitung des Schwellenwertes. Nutzen Sie als Startpunkt die Werte 100 – 150. Sie stellen einen guten Kompromiss dar, der zur Einstellung des Radiusparameters hilfreich ist.

Der Radius ist meines Erachtens die kniffeligste Einstellung. Bei anderen Bildbearbeitungsprogrammen wird der Radius auch mit Blende bezeichnet, meint aber dasselbe. Er beschreibt, ab welcher Entfernung von der zu schärfenden Kante die Maskierung und damit das Schärfen beginnen soll – und welche Ausdehnung das Schärfen hat. Wird der Wert zu groß gewählt, kann die Schärfung so stark sein, dass sie andere Details schluckt und auch stark übertrieben und unnatürlich wirkt. Ist der Wert zu klein, ist die Schärfung zu gering.

Außerdem hängt der optimale Wert von der Dateigröße und dem Detailreichtum ab! Motive mit groben Details vertragen größere

Radieneinstellungen als Motive mit feineren Details. Große Bilddateien vertragen auch größere Radien, da gleiche Details bei größeren Auflösungen auch mehr Pixel in Anspruch nehmen und dadurch stärker geschärft werden können.

Eine Faustregel für die Unscharfmaskierung gibt es nicht. Probieren geht wieder einmal über Studieren! Auch vertragen unterschiedliche Drucktechniken unterschiedliche Schärfungen. Der Offsetdruck liebt es leicht überschärft, der Tintenstrahldruck ist wesentlich sensibler. Alle Angaben, die ich in diesem Kapitel gemacht habe, beziehen sich auf den Tintenstrahldruck. Mit diesen Einstellungen sollten alle Bilder deutlich schärfer, aber nicht unnatürlich wirken. Wenn Sie aber das Optimum aus Ihren Bildern herausholen möchten, muss jedes Bild individuell behandelt werden.

Die Vorschaufunktion von Adobe Photoshops Unscharfmaskierung hilft Ihnen aber dabei sehr effektiv. Mit der Zeit bekommen Sie einen guten Blick für die optimale Schärfe.

Kontrastanpassung

Die Kontrastanpassung könnte ich schon in der Funktion „Gradationskurven" vornehmen. Die dort beschriebene S-Form, die für brillante Bilder sorgt, lässt sich aber in der Funktion „Helligkeit/Kontrast" leichter einstellen. Werte um +10 sind sinnvoll, mehr ist meist schon zuviel.

Wenden Sie diese Funktion bitte erst nach der Unscharfmaskierung an, da die Unscharfmaskierung auch zu einer Kontrastanhebung im Bild führen kann, da ja der Kantenkontrast angehoben wird. Bei Motiven mit feinen Strukturen ist meist die Unscharfmaskierung zur Kontrastanhebung genug.

Wenden Sie die Unscharfmaskierung nach der Kontrastkorrektur an, so ist es oft schon zuviel des Guten. Für die Menüfunktion „Helligkeit/Kontrast" gilt „Kontrast hui, Helligkeit pfui!".

Nützliches Zubehör: Grafiktabletts

Grafiktabletts sind zur Bildretusche wesentlich besser geeignet als die normale Computermaus. Die Vorteile liegen hier wortwörtlich in der Hand. Denn statt einer unförmigen Maus haben Sie einen Stift in der Hand! Grafiktabletts übernehmen hierbei den Andruck und die Neigung des Stiftes, so dass Sie tatsächlich wie mit einem Bleistift oder einer Airbrushpistole arbeiten können. Die Bildbearbeitungssoftware interpretiert den Anpressdruck entweder als aufgetragene Farbmenge oder als Werkzeuggröße. Dies können Sie definieren, wie Sie wollen.

Klar, dass Sie so wesentlich gefühlvoller retuschieren und maskieren können. Die Tablettfläche repräsentiert den Monitor – im Gegensatz zur Maus arbeiten Sie also tatsächlich wie auf einer Zeichenpapierfläche.

Fotos: Wacom

Grafiktabletts von Wacom gibt es schon für unter 100 Euro - eine lohnende Investition. Mehr Informationen unter: www.wacom.de

Während früher Grafiktabletts sehr teuer und damit nur für Profis erschwinglich waren, gibt es inzwischen aber auch gute und preiswerte Tabletts zu kaufen. Vorreiter ist hier die Firma Wacom, die schon unter 100 Euro sehr gute Tabletts anbietet. Im Lieferumfang ist bei manchen Tabletts auch eine kabellose Maus, damit Sie bei Office-Anwendungen nicht auf das gewohnte Handling verzichten müssen. Wer viel retuschiert oder filigrane Arbeiten durchführen möchte, sollte über eine A5-Tablettgröße oder größer nachdenken. Allerdings sind diese Tabletts deutlich kostspieliger, aber immer noch im Reiche des Möglichen. Das Geld ist aber hervorragend angelegt – eventuell sollten Sie lieber auf anderen Schnickschnack verzichten und stattdessen die Anschaffung eines Grafiktabletts in Erwägung ziehen!

Panoramafotografie

Es ist seit Anbeginn der Fotografie ein Bestreben der Fotografen, Panoramafotos zu erzeugen. Gerade in der Landschaftsfotografie geben die eher quadratischen Bildformate den erlebten Eindruck nur unbefriedigend wieder. In der konventionellen Fotografie gibt es einige Wege zum Panorama: Sie kaufen sich z.B. für teures Geld eine Spezialkamera – wenn Sie damit nicht Ihr Geld verdienen, lohnt sich das eher nicht. Oder Sie schneiden oben und unten etwas vom normal fotografierten Bild ab – das geht auf Kosten der Bildqualität. Oder Sie machen mehrere Aufnahmen und kleben später die Bilder aneinander – eine elende Bastelei mit meist frustrierendem Ausgang!

Grundsätzlich werden zwei Arten von Panoramen unterschieden. Die eine wird mit Kameras fotografiert, in denen der Film in einer geraden Ebene – wie bei normalen Kameras auch – geführt wird. Diese Panoramen erscheinen unverzerrt, sind aber auf einen Bildwinkel bis ca. 120 Grad beschränkt. Im Grunde handelt es sich hier um extreme Weitwinkelaufnahmen.

Die andere Art wird von Kameras mit zylindrischer Filmführung fotografiert. Bei Kameras mit sich drehendem Objektiv sind Panoramen bis ca. 140 Grad möglich. Kameras, die sich selbst um die eigene Achse drehen, erzeugen Panoramen bis zu 360 Grad und mehr. Panoramen der Kameras mit zylindrischer Filmführung sind bei normaler Betrachtung verzerrt – sie sehen aus, als wären Bilder auf einen Zylinder projiziert! Panoramen, die aus Einzelbildern zusammengesetzt werden, weisen die gleiche Charakteristik auf.

Spannt man die Panoramen bei der Betrachtung mit der gleichen Bildwölbung auf, wie sie aufgenommen worden sind, so erscheinen sie plötzlich wieder perspektivisch richtig. Die Verzerrung ist also kein Abbildungsfehler der Kameras, sondern rührt nur daher, dass die ursprünglich gebogene Perspektive gerade betrachtet wird.

So, nun Schluss mit der komplizierten Theorie, denn mit den digitalen EOS-Modellen ist es nun viel einfacher!

Das Arbeiten mit der Canon PhotoStitch-Software werde ich nicht im Detail erläutern da sie sehr einfach in der Bedienung ist. Wichtig ist vielmehr, die Software mit optimalem Bildmaterial zu „füttern"....

Panoramen aufnehmen

Im Gegensatz zu den Kameras der Canon PowerShot- und IXUS-Serie verfügt die EOS 450D über keinen Panorama-Assistenten. Mit etwas Beobachtungsgabe und Sorgfalt ist es aber auch mit der EOS nicht so schwierig, sogar freihändig Panoramabilder zu fotografieren. Damit die PhotoStitch-Software die Bilder sicher und präzise zusammenfügen kann, müssen sich die Einzelbilder etwa 20-25 % überlappen. Die Autofokusfelder sind hierbei eine praktische Orientierungshilfe: Links und rechts von diesen Feldern sollten sich die fotografierten Bilder überlappen.

Bei Panoramen, die aus mehreren Einzelaufnahmen erzeugt werden, ist es sehr wichtig, dass die Kamera präzise ausgerichtet wird. Das heißt: Die Kamera muss horizontal, gerade und nicht nach oben oder unten verkippt aufgestellt werden. Steht die Kamera schief, wird im besten Fall Ihr Panorama eiern, im schlimmsten Fall sind die Bilder so schief, dass keine Software dieser Welt die Bilder noch zusammensetzen kann.

Auch wichtig beim Arbeiten mit dem Stativ: Steht das Stativ schräg, und wird dieser Fehler durch den Stativkopf ausgeglichen, so wird die Kamera bei der ersten Aufnahme noch gerade stehen. Mit zunehmender Drehung verschlechtert sich aber die Positionierung der Kamera immer mehr und kann zu unbrauchbaren Aufnahmen führen. Bitte überprüfen Sie die Ausrichtung des Stativs in allen Aufnahmepositionen, gegebenenfalls über die kompletten 360 Grad! Eine große Hilfe sind kleine Wasserwaagen. In guten Stativen und Stativköpfen sind sie manchmal schon integriert.

> **Tipp:**
> Noch ein Wort zu den Stativköpfen: alle üblichen Stativköpfe haben eine mittige Befestigung für die Kamera. Das führt aber dazu, dass die Kameras nicht um ihren optischen Mittelpunkt drehen. In der Regel ist das nicht weiter tragisch. Sollten Sie aber Gefallen an der Panoramafotografie finden und auch z.B. den Nahbereich erkunden, so ist die Anschaffung eines speziellen Panoramakopfes oder zumindest eines Einstellschlittens ratsam. Beide Zubehörteile ermöglichen eine genaue Justage der Kamera auf den so genannten Nodalpunkt. Es ist der Punkt mit dem Abstand der verwendeten Brennweite zum CMOS-Sensor. Da die tatsächliche, exakte Brennweite nicht immer bekannt ist, muss hier leider etwas geschätzt werden, aber die Angabe der CMOS-Lage liegt wenigstens vor: Es ist die kleine „–o-„ – Markierung an der Kameraoberseite. Aber: Schlecht geschätzt ist immer noch besser als gar nicht ausgerichtet!

Natürlich gelingen Ihnen Panorama-Aufnahmen auch ohne Stativ. Dennoch werden Sie diese Bequemlichkeit mit geringen Qualitätseinbußen bezahlen. Die Höhenausrichtung der Kamera ist nicht sehr genau, so dass nach dem Zusammenfügen der Panoramen oben und unten einiges vom Bild abgeschnitten werden muss. Auch dreht man sich bei den Aufnahmen nicht um den Mittelpunkt der Kamera, sondern eher um den eigenen. Das kann zu perspektivischen Problemen führen, die das Zusammenfügen der Bilder erschweren und auch zu sichtbaren Übergängen führen können.

Ist die EOS erst einmal perfekt aufgestellt, so sollte geklärt werden, was für ein Panorama erstellt werden soll: ein 360 Grad-Panorama oder „nur" ein normales. Beim 360°-Panorama muss nämlich die letzte Aufnahme einen Teil des ersten Bildes überlappen. Passiert das nicht, findet die Software die Anschlusspunkte nicht, um eine „Endlosschleife" zusammenzubauen. Beim „normalen" Panorama bietet die Canon Software PhotoStitch die Möglichkeit, zwischen einer perspektivisch runden oder einer geraden Darstellung zu wählen.

Ganz oben: typisches Panoramafoto mit zylindrischer Perspektive. Oben: Panorama mit korrekter, gerader Darstellung. Diese Darstellungsoption kann über die Stitch-Software (links) angewählt werden.

Sie macht aber nur Sinn, wenn es sich um maximal vier bis fünf Einzelaufnahmen handelt.

Diese Option begrenzt aber den Aufnahmewinkel der Kameras – mehr als vier, maximal fünf Weitwinkelaufnahmen im Querformat als Panoramagrundlage machen keinen Sinn, da die Software nicht mehr Bilder zu einer geraden unverzerrten Darstellung zusammenrechnen kann. Je größer der aufgenommene Bildwinkel ist, desto mehr rechnet die Canon-Software aus den Randbereichen heraus, die Bildqualität sinkt dort deutlich ab.

Besitzen Sie kein starkes Weitwinkelobjektiv für Ihre EOS, so gibt es einen kleinen Trick: Machen Sie mit der EOS die Panoramaaufnahmen im Hochformat. Bei einem 28mm Objektiv ist beispielsweise der Bildwinkel nun effektiv nah an 20 mm Brennweite und die Bildqualität steigt ebenfalls! Sie nutzen jetzt die hohe horizontale Auflösung als vertikale Auflösung. Bei der 12,2-Megapixel-EOS zum Beispiel nun satte 4272 Bildpunkte vertikal statt 2848 Bildpunkten!

Generell können Sie gerade bei Landschafts- und Architekturaufnahmen den Umstand nutzen, dass sich aus zwei bis drei hochkant aufgenommenen 28mm-Bildern ein horizontales 20mm-Bild „stitchen" lässt! Und beim Einsatz eines 20mm oder 17mm Weitwinkels sind Ultraweitwinkelperspektiven drin! Probieren Sie es aus! Experimentieren Sie mit der Panoramafunktion: z.B. eröffnen hochformatige Panoramen völlig neue Perspektiven! Durch den Umstand, dass viele Einzelbilder gemacht werden müssen, können Sie auch einfach Doppelgänger-Effekte erzielen. Der Kreativität sind keine Grenzen gesetzt.

*Zwei Hochformataufnahmen mit 24mm wurden
per Stitch zu einer Superweitwinkelaufnahme, die auch mit einem
17mm-Objektiv fotografiert sein könnte.*

PANORAMEN

PANORAMEN

Oben: Das Kreta-Panorama wurde aus drei Einzelbildern (links) erstellt, die mit dem TS-E 24mm freihändig fotografiert wurden. Die Autofokusmesspunkte im Sucher dienten als Orientierung für die Überlappungen der Einzelbilder.
Für das Gelingen von Panorama-Aufnahmen sind natürlich keine TS-E Objektive nötig. Sie sind aber sehr praktisch, wenn leicht nach oben oder unten fotografiert werden soll.
Unten: Die beiden Screenshots zeigen die Wahl des Panoramamodus' und die Überlappungsbereiche, die PhotoStitch selbstständig erkennt.

Eine Spezialität: 360°-Panoramen

Haben Sie die vollen 360 Grad Ihres Motivs fotografiert, so haben Sie ein paar eindrucksvolle Möglichkeiten, diese Bilder zu präsentieren. Zum einen können Sie die Bilder als normales Panorama über die Canon-Software zusammenfügen lassen. Sie erhalten ein großes, breites Panoramabild, das ausgedruckt geradezu zum Spazieren gehen im Bild einlädt.

Möchten Sie das Bild aber nicht unbedingt drucken, so bietet Ihnen Ihr Computer eine völlig andere Betrachtungsweise: als QuickTime-VR-Datei (ein spezielles Dateiformat für Filme und Animationen, auch QTVR, die Datei-Endung ist „.mov")! Die QuickTime-VR-Datei zeigt Ihnen Ihr 360°-Panorama als Endlosschleife, da Anfangs- und Endpunkt miteinander verschmolzen wurden. Auf dem Monitor sehen Sie einen fernsehbildartigen Ausschnitt, in dem Sie nun mit Ihrer Maus das Panorama nach links, rechts, oben und unten bewegen können. Der Effekt sorgt immer wieder für Erstaunen.

Möchten Sie solch ein QTVR erstellen, so ist die Canon-Software PhotoStitch darauf bestens vorbereitet. Laden Sie Ihr Panorama in die Software und wählen Sie noch in der ersten Bediener-Ebene „1. Auswahl und Anordnung" den Menüpunkt „Anordnen". In diesem Menü wird als letzte Option „360°" angeboten. Werden die Bilder mit dieser Vorwahl gestitcht, kann das fertige Panorama als QuickTime-VR-Datei (.mov) abgespeichert werden. Bedenken Sie bitte beim Fotografieren des Panoramas, dass sich das erste und das letzte Bild überlappen müssen!

Architekturaufnahmen

Perfekte Architekturaufnahmen per Software ohne verzerrte Gebäude!

Jeder kennt den Effekt: Um ein Gebäude Format füllend zu fotografieren, hält man die Kamera schräg nach oben. Es ist zwar alles auf dem Bild, jedoch kippt das Gebäude nach hinten weg, eigentlich senkrechte Bildelemente werden schräg abgebildet (so genannte „stürzende Linien"). Dieser Effekt ist physikalisch bedingt und hat nichts mit schlechten Objektiven zu tun. Beispielsweise ist bei allen 28 mm Objektiven in der Kleinbildfotografie der Effekt gleich stark. Dieser Effekt ist nicht zu verwechseln mit der Verzeichnung – gerade Linien werden hier am Bildrand gebogen wiedergegeben.

> **Tipp:**
> Eventuell sollten Sie die Funktion nicht zu stark anwenden: Sehr hohe Gebäude wirken „zu gerade" unnatürlich, wenn sie senkrecht stehen. Auch müssen Sie möglicherweise die Höhe des Bildes geringfügig anpassen, denn nach dem digitalen „shiften" sieht das korrigierte Gebäude vielleicht etwas gestaucht aus. Verlassen Sie sich dabei einfach auf Ihr Gefühl und korrigieren Sie intuitiv nach Gedächtnis.

Abhilfe schaffen in der konventionellen Fotografie sogenannte Shift-Objektive, Canon nennt diese Objektive wegen der zusätzlichen Tilt-Funktion „TS-E-Objektive". Diese Objektive lassen sich parallel zur optischen Achse verschieben (= shiften). Man hält nicht mehr die Kamera schräg nach oben, sondern verschiebt das Objektiv. Solche Objektive sind leider recht teuer und benötigen etwas Erfahrung, um sie zu bedienen. Sie sind eigentlich eher etwas für Spezialisten.

Sie als Digital-EOS-Fotograf haben es wesentlich einfacher, denn Sie können am PC den gleichen Effekt erzielen – ohne Spezialobjektiv und mit allen Brennweiten!

Legen Sie in Ihrer Bildbearbeitungssoftware eine Datei an, die größer ist als das Ursprungsbild. Beispiel: Sie machen ein Foto mit 4272 x 2848 Bildpunkten. Wählen Sie beispielsweise in Photoshop Elements die Funktion „Datei", „Neu" und legen hier ein weiß gefülltes Bild mit z.B. 5000 x 3500 Bildpunkten an. Kopieren Sie das Foto, das entzerrt werden soll, in das neue Bild – Sie haben nun Ihr Bild mit einem großen weißen Rand in der neuen Bilddatei. Setzen Sie je eine senkrechte Hilfslinie an die unteren Ecken des Gebäudes.

ARCHITEKTUR

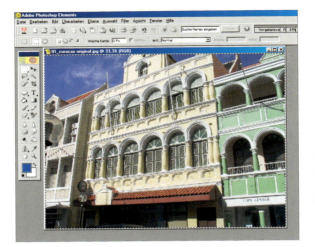

Das Originalmotiv zeigt die üblichen stürzenden Linien. Das Bild wird komplett markiert und in die Zwischenablage kopiert.

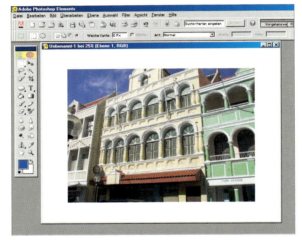

Als nächstes wird eine neue, leere Datei erzeugt, die ca. 20-30% größer ist als die Ursprungsdatei. In diese neue Datei wird das Bild aus der Zwischenablage eingefügt.

Nun wird das eingefügte Bild solange verzerrt, bis die stürzenden Linien wieder gerade erscheinen. Danach wird das Bild beschnitten, so dass kein weißer Rand mehr sichtbar ist.

ARCHITEKTUR

Das Resultat des digitalen „Shiftens" ist ein Haus ohne stürzende Linien.

Mit Hilfe des Menüs „Bearbeiten"/„Transformieren"/„Verzerren" können Sie das Gebäude nun begradigen: Nehmen Sie die oberen Anfasser und ziehen Sie sie nach außen, bis die einst schrägen Gebäudewände wieder gerade sind.

Danach fügen Sie die beiden Ebenen (Hintergrund und Ursprungsfoto) zusammen und schneiden den nun schiefen Rand entsprechend ab. Die einzelnen Schritte sehen Sie auf der vorherigen Seite als Screenshots zur Verdeutlichung.

Drucken

Druckverfahren

Wenn Sie die Bilder Ihrer digitalen EOS ausgeben möchten, so hat die Wahl des Druckverfahrens einen entscheidenden Einfluss auf die Qualität und die Anmutung der Bilder. In diesem Kapitel möchte ich die vier wesentlichen Verfahren beleuchten und Ihnen ein paar Hinweise geben, wie Sie leicht zu hervorragenden Ergebnissen kommen. Das Tintenstrahl-Druckverfahren werde ich wegen der Verbreitung und des günstigen Preises besonders detailliert behandeln.

Thermosublimationsdruck

Lange galt dieses Druckverfahren wegen der homogenen Bildqualität als hochwertigstes Druckverfahren und war nur im High-End-Bereich zu finden. Kern dieses Druckverfahrens ist eine Farbfolie, die von einer Art heißen Nadel punktgenau erhitzt wird. Papier und Farbfolie liegen während des Druckens eng übereinander. Durch das Erhitzen der wachsähnlichen Farbstoffe der Farbfolie bilden sich mikroskopisch kleine Farbwolken, die in das spezielle Papiermaterial hinein diffundieren. Damit diese Diffusion funktioniert, sind Papier und Farbstoffe speziell aufeinander abgestimmt. Nacheinander werden pro Bild drei Druckfarben-Folien in den Farben Gelb, Zyan und Magenta gedruckt bzw. erhitzt und diffundiert.

Die Bilder eines Thermosublimationsdruckers wirken sehr homogen, da ihnen eine Druckstruktur bzw. ein Druckraster fehlt. Es gibt keine Tröpfchen oder sichtbaren Druckpunkte, denn jeder Thermosublimations-Druckpunkt kann alle 256 Abstufungen jeder Farbe annehmen. Daher ist ein Raster, das die Farbabstufungen erzeugt, nicht erforderlich. Daraus ist auch die vergleichsweise niedrige Auflösung der Thermosublimationsdrucker zu erklären: Die 300 DPI eines solchen Druckers sind ohne weiteres mit den 1200 DPI eines Tintenstrahldruckers oder den 2540 DPI eines Offsetdruckers vergleichbar! Denn die anderen Verfahren benötigen viel Auflösung, um Farbtöne und Helligkeitsstufen zu erzeugen, die der Thermosublimationsdrucker direkt drucken kann.

Drucken

Fotos: Canon

Oben: das Tintendrucker-Topmodell Pro 9000 der PIXMA-Serie.
Unten: praktisch: die Drucker der SELPHY-Serie. Profitauglich als Sofortbild-Ersatz: durch den optionalen Akkubetrieb auch für unterwegs geeignet ist der SELPHY ES2.

Das klingt alles sehr idealtypisch, doch weshalb führt dieses Druckverfahren immer noch ein Nischendasein? Das hat mehrere Gründe! Zum einen ist die Ausgabegröße meist auf das Postkartenformat begrenzt, zum anderen sind Thermosublimationsdrucker für Text- und Korrespondenzdruck überhaupt nicht geeignet. Der Thermosublimationsdrucker ist also kein Allrounder.

Aber es gibt auch klare Stärken! Die Haltbarkeit der Fotos ist erheblich besser als bei Tintenstrahlern, insbesondere wenn die Bilder ohne Glas präsentiert werden. Ihre Haltbarkeit ist ohne weiteres mit der eines konventionellen, chemischen Bildes vergleichbar.

Außerdem sind die Drucker extrem einfach in der Handhabung und dank Akkutechnologie mobil einsetzbar! Damit steht zum einen der Fun-Faktor im Vordergrund: Kamera und Drucker einpacken, und los geht's zur Feier, zur Party oder in den Urlaub!

Aber auch das Sofortbild wird durch die Akkustromspeisung on-location möglich. Ein Vorteil der Bildkontrolle, der bislang den Mittelformat- und Großformatfotografen vorbehalten blieb! Darüber hinaus ist der Sofortbilddruck via Canon CP-Printer wesentlich preiswerter, als von den Sofortbildfilmherstellern gewohnt.

Als Spezialist sind die Thermosublimationsdrucker für kleine Formate mit Preisen schon deutlich unter 150 Euro durchaus erschwinglich und nützlich. Die SELPHY-Serie von Canon druckt randlos im Format 10 x 15 cm in hervorragender Qualität und als DirectPrinter bzw. PictPridge-Drucker ohne PC direkt über Kabelverbindung mit der Kamera.

Falls gewünscht, druckt er aber auch über den PC via USB-Schnittstelle. Auch unterstützt er den EXIF-Standard, so dass das volle Farbspektrum der Kamera wiedergegeben wird.

Größere Bildformate finden sich immer noch im Proofdruck-Bereich, wobei die Druckerhardware in der Regel schon weit über 5.000 Euro verschlingt und auch das Papier schnell bei 20 Euro pro Blatt angelangt ist! Damit dürfte sich die Anschaffung eines großen A4-Thermosublimationsdrucker für die meisten Amateure erledigt haben...

Tintenstrahldruck

Die wohl einfachste Methode, den Wunsch nach einem digitalen Heimlabor zu verwirklichen, ist die Anschaffung eines Tintenstrahldruckers. Die Qualität hochwertiger Tintenstrahldrucker ist so gut, dass die Druckergebnisse mit bloßem Auge nicht von konventionellen Fotoabzügen unterschieden werden können. In Sachen Schärfe und Farbbrillanz übertrifft die Druckqualität gar die der klassischen Abzüge!

Die bekanntesten Hersteller von Tintenstrahldruckern sind Canon, HP, Epson und Lexmark. Bis auf Epson sind die Verfahren zur Erzeugung der Tintentröpfchen ähnlich: Im Druckkopf befinden sich zahlreiche Düsen, die mit Tinte gefüllt sind. Durch Erhitzen des Düseninnenraums wird die Tinte dazu gebracht, eine Dampfblase zu erzeugen. Dieses Dampfbläschen treibt die davor liegende Tinte durch eine enge Öffnung, die Düse, und schleudert den so entstandenen Tintentropfen auf das Papier. Das alles geschieht irrsinnig schnell, kontrolliert und präzise – anders wäre ein hochwertiger Tintendruck auch nicht zu garantieren.

Epson arbeitet etwas anders: Die Tintentröpfchen werden nicht durch Erhitzen und Dampf durch die Düsen getrieben, sondern es wird im hinteren Bereich der Düse durch ein Piezoelement eine biegsame Wand sehr schnell bewegt. Durch den Bewegungsimpuls wird die Tinte durch die Druckkopfdüse nach außen gedrückt.

So unterschiedlich die Druckverfahren an dieser Stelle sind, sie gehorchen aber prinzipiell den gleichen Regeln und Gesetzen, die ich in den nächsten Abschnitten anhand der Canon-Druckertechnologien behandeln möchte.

In der Praxis ist das Wissen um einzelne Drucktechnologien sicher nicht essenziell, aber sie geben einen Einblick in die Wechselwirkungen der einzelnen Komponenten Hardware, Software, Tinte und Papierwahl.

Fotos: Ammon

Die EOS 450D bietet im Schwarzweiß-Modus vier verschiedene Tonungseffekte: grün (links oben), violett (rechts oben), blau (links) und die beliebte Sepiatonung, die Bilder nostalgisch wirken lässt (rechts). Diese Effekte lassen sich natürlich auch in Photoshop erzielen.
Die frühen digitalen EOS-Modelle können über die Software DPP 2.x in den Genuss dieser Funktion kommen.

Tipp:

Manche Drucker tun sich beim Druck von Schwarzweißbildern schwer – sie zeigen mehr oder weniger starke Farbstiche oder farbstichige Bereiche. Ein getontes Schwarzweißbild kaschiert diesen ungeliebten Effekt, denn auf diese Weise gedruckt, fällt die Schwarzweißschwäche des Druckers wesentlich weniger auf.

DRUCKEN

Auflösung und Dithering

Leider wird die Auflösung des Druckers als allererstes Qualitätsmerkmal genannt, jedoch ist das nur die halbe Wahrheit.

Die Druckerauflösung gibt an, in welchem Abstand die einzelnen Druckpunkte vom Drucker gesetzt werden können. Damit kann sicherlich über das Qualitätspotenzial eines Druckers gemutmaßt werden. Aber es sagt nicht zwingend etwas über die visuelle Auflösung des Druckers aus! Mit visueller Auflösung meine ich, die aus der Fotografie bekannte Auflösung, nämlich die Fähigkeit, feine Linien und Details noch klar erkennbar darzustellen.

Da ein Tintenstrahldrucker mit vier oder im besseren Fall mit sechs oder mehr Farben druckt, müssen alle weiteren Farbtöne und Helligkeitsstufen (Halbtöne), die dargestellt werden sollen, durch das Nebeneinanderdrucken der vorhandenen Farben erzeugt werden. Ist der Betrachtungsabstand groß genug, so verschmelzen die eng nebeneinander liegenden Druckpunkte zu einer Mischfarbe oder – je nachdem, wie viel Papier unbedruckt bleibt – zu satten oder pastelligen Farbtönen.

Im Gegensatz zum Offsetdruck folgen die Tintenstrahldrucker keinem klaren Raster, sondern drucken scheinbar willkürlich Punkte auf das Papier. Dieses Verfahren der Halbtondarstellung wird als Zufallsraster, Dithering oder als Error-Diffusion bezeichnet – gemeint ist aber immer das Gleiche.

Die Ditheringverfahren sind mathematisch hochkomplex und werden von den Druckerherstellern wie ein Staatsgeheimnis gehütet. Schließlich sind diese Informationen der Schlüssel zur Druckqualität. Die eigentliche Druckqualität wird aber noch durch einige weitere Kriterien bestimmt, die in den folgenden Abschnitten besprochen werden. Sie alle werden in die Ditheringverfahren eingebunden.

Tröpfchengröße

Die Tröpfchengröße wird durch die Tintenmenge, die die Druckdüse verlässt, bestimmt. Sie wird in der Regel in Picoliter (pl) angegeben. Üblich sind Werte zwischen 20 und 4 Picolitern, die besten Drucker arbeiten mit einer Tröpfchengröße von nur 2 oder gar 1 Picoliter. Je kleiner der Wert ist, desto feiner können Linien und Details dargestellt werden – denn was nützt eine gute Qualität der Bilddaten, wenn der Drucker feine Linien wegen großer Tröpfchen dann doch nur zu breit und fett darstellen kann? Durch zu große Tröpfchen verlaufen feine Details ineinander und werden nicht mehr erkennbar dargestellt. Kleine Tröpfchengrößen sorgen auch dafür, dass das Bild homogen und nicht körnig erscheint.

Arbeitet der Drucker mit großen Tröpfchen, hilft eine hohe Druckerauflösung auch nicht mehr weiter – es werden so nur zu große Tröpfchen zu eng aufeinander gedruckt! Deswegen machen Drucker mit hoher Auflösung (z.B. 4800 x 1200 DPI) auch nur Sinn, wenn sie kleine und feine Tröpfchen drucken können. Werte unter 5 Picolitern sind zu empfehlen, am besten kombiniert mit weiteren Drucktechnologien wie Fototinte und Advanced Microfine Droplet.

Advanced Microfine Droplets

Welcher Aufwand betrieben werden muss, um die Qualitätsvorteile einer hohen Auflösung und kleiner Druckpunkte voll nutzen zu können, zeigen die Tintenstrahldrucker von Canon. Denn mit bis zu 9600 x 2400 DPI und 1 Picolitern Tröpfchengröße müssen die Tintenpunkte auch präzise auf dem Papier platziert werden. Das klingt selbstverständlich, ist es aber unter derartigen Umständen nicht.

Bei normalen Druckkopfdüsen fangen sehr kleine Tintentropfen beim Austritt aus der Düse an zu flattern. Der Effekt ist vom Wasserhahn bekannt: nicht jeder Tropfen verlässt mittig den Wasserhahn, sondern er kann auch durch die Oberflächenkräfte des Wassers seitlich abgelenkt werden. Das gleiche passiert bei den sehr kleinen Tintentropfen eines Druckers. Trifft die Tinte aber nicht präzise auf das Papier, so werden Kanten ungleichmäßig gedruckt, Details werden verfälscht. Selbst Farben werden verfälscht, da ja das die Farbmischungen erzeugende Dithering nicht so auf dem Papier stattfindet, wie der Treiber es errechnet hat!

DRUCKEN

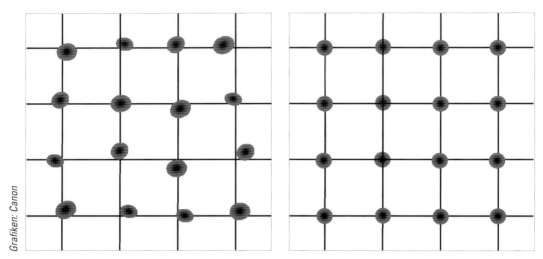

Grafiken: Canon

Links: übliche Präzision bei der Druckpunktplatzierung.
Rechts: Canons Advanced Microfine Droplet-Technologie sorgt auch für eine präzise Platzierung der Druckpunkte.

Canon begegnet diesem Problem durch sternförmige Düsen, die dafür sorgen, dass der Tintentropfen sich gleichmäßig von der Druckdüse löst und dadurch nicht wegdriftet. Das präzise Platzieren des Druckpunktes ist damit gewährleistet, Details und Linien werden unverfälscht gedruckt. Allerdings ist diese Druckkopftechnologie nicht ganz billig, aber auf jeden Fall ihr Geld wert!

Fototinten

Eine wichtige Technologie, um homogene Flächen und fein nuancierte Farben zu erhalten, sind die Fototinten. Sie besitzen im Vergleich zu normalen Tinten eine geringere Dichte und sind daher besonders geeignet, Pastelltöne und weiche Farbverläufe zu drucken. Zusammen mit den normalen Tinten eingesetzt, ergeben sich beste Tonwertabstufungen.

Auch bleiben die gefürchteten Druckpunkte in den hellen Bildpartien unsichtbar! Die Bilder wirken dadurch wie aus einem Guss und sind mit bloßem Auge nicht mehr von konventionellen Fotoabzügen zu unterscheiden. Im Gegenteil: sie wirken sogar schärfer und brillanter!

In der Regel nutzen Drucker mit Fototinte sechs Farben: Schwarz, Magenta, Zyan, Gelb, Foto-Magenta und Foto-Zyan. Foto-Gelb wird nicht genutzt, da schon die Standardfarbe sehr hell ist und Foto-Gelb keine sichtbare Wirkung zeigen würde.

Drucken mit bis zu 8 Farben

Neben den vier Standardfarben und zusätzlichen Fototinten lässt sich die Druckqualität, genauer gesagt das gedruckte Farbspektrum noch verbessern. Canon nutzt hierfür bis zu zwei zusätzliche Farben: Rot und Grün. Diese beiden Farben werden üblicherweise aus Magenta und Gelb bzw. Zyan und Gelb gemischt. Für nicht allzu gesättigte und reine Farben reicht die Mischung auch vollkommen aus. Möchte man aber auch sehr klare, kräftige Rot- und Grünfarbtöne wiedergeben, spielen die beiden Zusatzfarben ihre Stärke aus: der druckbare Farbumfang wird für Rot und Grün sichtbar erweitert.

Fototinten – hier die 8 Tinten des A3-Überformatdruckers PIXMA Pro 9000 – sorgen für feinste Tonwertabstufungen auch in den sonst problematischen hellen Motivbereichen.

> **Tipp:**
>
> Einige Drucker von Canon sind standardmäßig mit einem Druckkopf ausgestattet, bei dem sich alle Farben einzeln austauschen lassen. Das ist gerade beim Fotodruck sinnvoll, denn meist überwiegen einzelne Farben im Bild, wie z. B. Blau im Himmel oder Grün, so dass ein oder zwei Farben stärker als die übrigen genutzt werden. Arbeiten Drucker mit kombinierten Tintentanks, so wirft man in der Praxis immer Tinte von den nicht verbrauchten Farben weg, da sich die Tinten nie gleichmäßig verbrauchen. Auf Dauer geht das ganz schön ins Geld. Diese Technologie der einzelnen Tintentanks nennt Canon „Single-Ink".
>
> Die Single-Ink-Drucker gibt es für praktisch jeden Anspruch mit 4 bis 10 einzelnen Druckfarben.

Alle oben beschriebenen Technologien vereinen die Canon Fotodrucker miteinander. Hohe Auflösung von 2400 x 1200 DPI und mehr, kleinste Tröpfchen, präzise Druckpunktpositionierung durch die Advanced-Microfine-Droplet-Technologie und meist auch der (mindestens) 6-Farb-Fotodruck garantieren eine hervorragende Qualität. Dies bestätigen auch zahlreiche Fachzeitschriften.

Foto: Canon

Durch die separaten Single-Ink-Tintenpatronen bleiben dabei die Druckkosten im Rahmen. Der Kreativität sind auch bei der Wahl des Papiers keine Grenzen gesetzt, da der Drucker selbst schwere Druckmedien schluckt. Eine große Auswahl an speziellen Fotopapieren lässt hier keine Wünsche offen.

> **Tipp:**
> Inzwischen drucken auch 4-Farb-Drucker in exzellenter Qualität. Doch die Druckqualität von Druckern mit 6 oder mehr Farben ist bei Fotos unerreicht. Die 4-Farb-Drucker spielen ihre Vorteile aus, wenn es um Universalität geht, denn sie drucken durch ihre pigmentierte Schwarztinte Texte satter.

Ausbelichtung

Ein bequemer und qualitativ hochwertiger Weg an seine Bilder zu kommen, ist die Ausbelichtung im Fotolabor. Damit ist das Übertragen der Bilddaten auf konventionelles Fotopapier gemeint. Natürlich kann nicht wie beim Negativ oder Dia das Fotopapier einfach belichtet werden. Die Bilddaten werden bei einer Ausbelichtung in der Regel durch einen Laser, der grüne, blaue und rote Bildpunkte erzeugt, auf das Fotopapier übertragen oder besser: belichtet.

Das Angebot an Formaten und Oberflächen ist inzwischen beinahe unbegrenzt, fast jedes Fotogeschäft bietet solche Services an. In nahezu allen Fotofachgeschäften und Elektronikmärkten sind inzwischen digitale Terminals zur Bildübertragung zu finden. Auch gibt es einige Services von Fujifilm und Kodak, die über das Internet angeboten werden. Hierbei ist aber zu beachten, dass die Bilder stark komprimiert abgespeichert werden müssen, um halbwegs erträgliche Datenübertragungszeiten zu erhalten. Bei der Bestellung einzelner Bilder ist das nicht erheblich, aber bei kompletten Urlaubsserien macht das Online-Verfahren keinen Sinn.

Letztendlich geht eine starke Komprimierung zu Lasten der Bildqualität. Deshalb: Aufträge für große Bildformate oder mit zahlreichen Bildern lieber vorher auf eine CD brennen und im Geschäft stationär überspielen.

> **Tipp:**
> Natürlich geben Sie im Geschäft nicht Ihre wertvolle Speicherkarte ab! Sie haben an diesen digitalen Terminals die Möglichkeit, von der Speicherkarte oder über CD-ROM Ihre Bilder schnell und einfach zu übertragen.

Bilder optimal drucken

Die Ausdruckqualitäten von Tintenstrahldrucken können selbst bei einem Druckermodell sehr unterschiedlich ausfallen. Die Wahl der richtigen Treibereinstellungen und des Papiers sind für die Ausgabequalität entscheidend, aber auch die Vorbereitung der zu druckenden Bilddatei hat entscheidenden Einfluss, z. B. auf die Schärfe des gedruckten Bildes. Dieses Kapitel soll zeigen, welche Einstellungen und Druckmaterialien zu hervorragenden Ergebnissen führen.

Papierwahl

Es gibt reichlich Papiermaterialien auf dem Markt, die mit dem Attribut Fotopapier beworben werden. Neben den Druckerherstellern gibt es auch eine Reihe anderer Hersteller, die meist ihren Ursprung bei Büromaterialien oder klassischen Fotopapieren haben.

Im Gegensatz zu den Druckerherstellern, die ihre Papiere auf die eigenen Drucker optimal abstimmen, müssen die Papiere von Fremdherstellern mit allen Druckerfabrikaten harmonieren. Natürlich geht das nicht ohne Kompromisse! Zum Beispiel sind die Trocknungszeiten der Fremdpapiere oft sehr lang, oder die Bilder haben einen anderen Farbcharakter als die Bilder, die auf Originalpapieren gedruckt wurden. Woher kommt das? Das liegt in erster Linie an den Druckertreibern: Die Druckertreiber bieten Ihnen in den Papierwahlmenüs einige Papiersorten zur Auswahl an. Logischerweise finden Sie dort nur Voreinstellungen für die Originalpapiere. Diese Voreinstellungen regeln nicht nur die Anpassung des Farbverhaltens des Papiers, sondern – und vor allem! – die Steuerung der richtigen Tintenmenge! Denn jedes Papier saugt die Tinte unterschiedlich auf: Mal bleibt die Tinte auf der Oberfläche und wenig Tinte wird verbraucht, mal wird viel Tinte wegen eines saugfähigen Papierträgers benötigt. Deswegen ist es purer Zufall, wenn Papiere von Fremdherstellern die gleichen Farb-, Träger- und Oberflächeneigenschaften wie die Originalpapiere haben.

> **Tipp:**
> Bei den Standardfotopapieren auf die Originalpapiere zurückgreifen, auch wenn sie etwas teurer sind. Der Preisunterschied muss sein, denn schließlich kostet es den Hersteller auch einiges, die Papiere, Treiber und Tinten aufeinander abzustimmen. Das gleiche gilt übrigens auch für Fremdtinten! Nicht nur, dass Sie sich den Druckkopf zerstören können – auch hier ist eine optimale Abstimmung von Papier, Tinte und Treiber nicht mehr gegeben!

Als Beispiel möchte ich ein paar Canon-Papiere erwähnen. Canon hat insgesamt fünf echte Fotopapiere im Programm: PR-101, PP-201, SG-201, MP-101 und GP-401. Die Wahl fällt schwer!

PR-101

Das PR-101 ist das Top-Fotopapier von Canon. Es erzeugt satte Schwärzen, besitzt einen feinen Glanz und fühlt sich edel an. Die Qualität ist am ehesten mit den hochwertigen Barytpapieren aus der klassischen Schwarzweißfotografie zu vergleichen. Mit einem Preis von etwa 1 Euro pro A4-Blatt ist es nicht billig, aber sein Geld wert. Sie erhalten schließlich exzellente Fotoqualität, und die kostete schon immer etwas mehr. Die Haltbarkeit wird von Canon auf 100 Jahre im Album und 30 Jahre hinter Glas angegeben.

PP-201

Das PP-201 ist mit ca. 70 Cent/Blatt A4 ein preiswerteres Papier und sicherlich eine vernünftige Wahl. Qualitativ ist es mit guten konventionellen Fotopapieren zu vergleichen. Brillanz und maximale Schwärzung sind etwas schwächer als beim professionellen PR-101. Das Papier fühlt sich durch die 270er Grammatur angenehm wie Karton an. Für Bilder von der letzten Party oder von der Masse der Urlaubsbilder ist es eine gute Wahl. Die Haltbarkeit der Bilder ist vergleichbar mit dem PR-101.

Das PP-201-Papier gibt es neuerdings auch doppelseitig bedruckbar – dem selbstgemachten Buch oder Album steht damit nichts mehr im Wege.

Oben: schneller Postschnappshuss in Venedig. EF 70-300mm DO IS USM.
Unten: Atmosphärisches Detail in Venedig. Die pastelligen Farben machen den Reiz des Bildes aus.
EF 70-200mm 1:4L USM.

DRUCKEN

Produktfotos: Canon

Mattes Fotopapier MP-101, Seidenglanz-Papier SG-101, Hochglanz-Fotopapier GP-401/GP-501, Hochglanz-Fotopapier PP-201, das professionelle Hochglanz-Fotopapier PR-101 und interessante neue Materialien, wie das doppelseitig bedruckbare Fotopapier inkl. selbstbestückbarem Album.

SG-201

Eine sehr schöne Oberfläche, vor allem für die Portraitfotografie bietet das seidig glänzende SG-201 (SG = Semi Glossy). In seinen Eigenschaften ist es mit dem PP-201 vergleichbar, bietet aber das von vielen Anwendern gewünschte seidenmatte Finish, um störende Reflexionen bei der Bildbetrachtung zu unterdrücken.

MP-101

Sehr interessant mag dem einen oder anderen das matte MP-101 erscheinen. Etwas dünner als das PP-101 erlaubt es Ausdrucke auf totmatter Oberfläche – und das ohne den üblichen Brillanzverlust! Während gewöhnliche klassische Fotopapiere bei matter Oberfläche stumpf und wenig brillant wirken, trumpft das MP-101 mit ungewöhnlicher Brillanz auf – eine eindrucksvolle Vorstellung. Ideal ist dieses Papier für Portraits, und wenn Reflexe durch Fenster oder Lichtquellen stören können. Das MP-101 ist darüber hinaus sehr preiswert.

GP-401 und GP-501

Das GP-401 und GP-501 sind die preiswertesten glänzenden Fotopapiere von Canon und gute Allrounder. Allerdings weisen sie im Vergleich zu den anderen Papieren die geringste Haltbarkeit auf. Für den gelegentlichen Druck, Tests oder für Bilder, die nicht ewig halten müssen, ist es eine gute Wahl.

Tipp:
Versuchen Sie es doch auch einfach mal mit der T-Shirt-Transferfolie. So sind auf einfachem Wege Fotodrucke auf T-Shirts möglich. Sie erhalten echte Unikate. Ein Spaß bei Kindergeburtstagen oder bei der Kegelvereinstour....

Es gibt aber auch interessante Papiere von anderen Herstellern. Hier versuchen sie sich nicht als Konkurrenz zu den Originalherstellern, sondern bieten Papiere an, die eher den künstlerisch-experimentierfreudigen Anwender ansprechen. Papiere mit Leinenstruktur oder Aquarellpapiere werden angeboten.
Probieren Sie es einfach einmal aus, aber der Spaß ist nicht ganz billig. Auch muss hier mit den Treibereinstellungen für Papierwahl experimentiert werden, um ein optimales Ergebnis zu erzielen. Solche Papiere gibt es zum Beispiel von Polaroid oder von Monochrom in Kassel.

Haltbarkeit von Ausdrucken

Das Thema Haltbarkeit von Ausdrucken führt häufig zu Missverständnissen. Aufgrund der sehr unterschiedlichen Beschaffenheit von Tintenstrahlausdrucken und konventionellem Fotopapier fällt es schwer, einheitliche Kriterien aufzustellen.

Auch muss man zwischen Lichtbeständigkeit und Gasbeständigkeit unterscheiden. Denn vor allem aggressive Gase wie Sauerstoff oder Ozon lassen die Farbpigmente im Papier reagieren und ausbleichen. Frei herumliegende Tintenstrahlausdrucke, die ungeschützt der Sonne ausgesetzt sind, oder an den Kühlschrank geklebte Bilder bleichen nicht wegen des Lichts, sondern wegen der Gase oft erstaunlich schnell aus.

Canons ChromaLife100-Tinten sorgen für eine deutlich längere Haltbarkeit der Bilder als bei den früheren Tinten von Canon. Die Angaben von Canon beziehen sich auf die Lagerung im Album, nicht auf frei herumliegende Bilder. Der häufig als Standard herangezogene Test vom Wilhelm Research Institute wird dem Thema inzwischen nicht mehr ganz gerecht, da in erster Linie der Lichteinfluss bewertet wird, nicht aber Einflussfaktoren wie Umweltgase oder Feuchtigkeit. Die Thermosublimationsdrucke der CP-Serie sind ebenfalls extrem langlebig und sehr robust.

Treibereinstellungen

Eine der grundsätzlichen Einstellungen eines Treibers ist die Auflösung bzw. Druckqualität. In vielen Fällen reicht es, bei Druckern mit sehr hohen Auflösungen von 2400 DPI oder mehr die nächst niedrigere Auflösung zu wählen. In den meisten Fällen wird der Qualitätsunterschied nicht groß sein, wohl aber die Druckgeschwindigkeit – immerhin wird bei der halben Auflösung die Menge der Druckdaten geviertelt. Wie schon erwähnt, steuern Treiber aber wesentlich mehr: nicht nur die Farbanpassung an das Papier, sondern auch die Steuerung der Tintenmenge. Achten Sie bitte darauf, dass Sie immer die richtigen Papiereinstellungen im Treiber vornehmen.

Häufig sind in den Treibern auch Einstellungen anzutreffen, die Ihnen eine automatische Farb- oder Helligkeitsanpassung anbieten. Wenn Sie unbearbeitete Bilder drucken wollen, kann es eine nützliche Hilfe sein.

Möchten Sie aber die Kontrolle über das endgültige Bildergebnis behalten, schalten Sie diese Funktionen besser ab, denn oft arbeiten diese Funktionen dynamisch. Sie untersuchen Ihr zu druckendes Bild auf Kontrast und Gradation und passen es dann nach bestimmten internen Vorgaben an. Leider kennen Sie die Vorgaben nicht und können deshalb das Ergebnis auch nicht zuverlässig vorhersagen! Aktivieren Sie die Bilddruckautomatiken, so kann das gedruckte Bild von Ihrer ursprünglich geplanten Bildintention stark abweichen. Beispiel: eine Landschaft im Nebel lebt vom weichen Kontrast und der Helligkeit.

Homogene Farbflächen und helle Bildpartien stellen hohe Anforderungen an Drucker, die Tinte und das Papier. EF 70-300mm DO IS USM.

Passt die Automatik des Treibers das Bild an, so wird es höchstwahrscheinlich im Kontrast deutlich verstärkt, um irgendwo im Bild echtes Weiß und echtes Schwarz zu erzielen. Das so entstandene Resultat wird aber Ihre ursprünglich angedachte Bildstimmung nicht mehr wiedergeben.

Bildauflösung anpassen

Die wohl interessanteste Frage ist die nach der optimalen Schärfe beim Tintenstrahldruck. Canon hat zu diesem Thema eine Diplomarbeit in Auftrag gegeben, um herauszufinden, was Drucker tatsächlich an visueller Auflösung drucken können. Die Ergebnisse sind sehr komplex, dennoch möchte ich ein paar Regeln, die sich aus diesen Ergebnissen ableiten, hier darstellen.

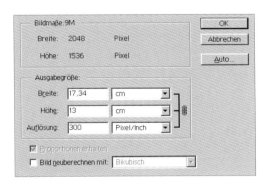

Aufgrund der Ditheringverfahren können Tintenstrahldrucker nicht deren physische Druckauflösung in eine visuelle Auflösung umsetzen. Soll heißen: Maximal ein Viertel der Druckerauflösung kann als visuelle Bildauflösung wahrgenommen werden. Hat ein Drucker also eine Druckerauflösung von 1200 DPI, so kann er maximal Bildauflösungen von 300 DPI ausgeben. Der Rest der Druckerauflösung wird benötigt, um Helligkeitsabstufungen und Farbtöne zu generieren. Füttern Sie den Drucker mit Bilddaten höherer Auflösung, so werden Sie den Unterschied nicht mehr sehen können! In den hellen Bildpartien sind die maximal erreichbaren Bildauflösungen noch niedriger, und eher bei 200 DPI oder gar 150 DPI zu finden. Die berühmte Nebellandschaft muss also nur mit einer Auflösung von 150 DPI vorliegen und kann dementsprechend größer gedruckt werden.

1200 : 4 = 300 DPI
1200 : 5 = 240 DPI
1200 : 6 = 200 DPI
1200 : 8 = 150 DPI

2400 : 4 = 600 DPI
2400 : 5 = 480 DPI
2400 : 6 = 400 DPI
2400 : 8 = 300 DPI

Auch fällt es auf, dass die besten Schärfewerte bei Bildauflösungen erzielt werden, die ganzzahlige Teiler der Druckerauflösung sind. Bei 2400 DPI wären es beispielsweise: 600/400/ 300/240/200/150 DPI! Das liegt daran, dass bei solchen Auflösungen der Druckertreiber gerade Werte interpolieren kann und dadurch keine Informationen herausgerechnet werden. Sobald der Druckertreiber „schräge" Bildauflösungen rechnen muss, verliert das gedruckte Bild etwas an Schärfe!

Schwarzweißfotos stellen hohe Ansprüche an den Drucker, denn die Grautonwiedergabe muss homogen und ohne Farbstiche sein. Bei diesem Portrait wurde die EOS im Schwarzweißmodus mit Grünfiltersimulation genutzt. Das Grünfilter sorgt für eine dunklere Hauttonwiedergabe. Anschließend wurde das Bild im Duplexmodus getont. EF 85 mm 1:1,2L USM.

> **Tipp:**
> • Der Tintenstrahldrucker erreicht maximal ein Viertel seiner Druckauflösung als visuelle Auflösung. Diese Erkenntnis spielt bei der Berechnung der maximalen Druckgröße der Bilder eine wichtige Rolle!
> • Die Auflösung der Drucker ist in den hellen Partien niedriger als in kontrastreichen und dunklen Bildpartien. Kontrastreiche Bilder eignen sich besser für den Tintenstrahldruck als helle „High-Key" Aufnahmen.
> • Für optimale Schärfe sollten die Bilddateien eine Auflösung besitzen, durch die die Druckerauflösung ganzzahlig teilbar ist. (z.B. 300 DPI bei 1200 DPI Druckerauflösung)

Ich möchte noch ein kurzes Beispiel geben. Sie haben ein Bild mit der 12,2-Megapixel-EOS fotografiert und möchten es nun optimal drucken. Als Drucker nutzen Sie den iP8500 und nutzen die zweitbeste Druckerauflösung. Die EOS liefert Ihnen Bilder mit einer Auflösung von 4272 x 2848 Bildpunkten.

Bildbearbeitungsprogramme wie z.B. Photoshop bieten Ihnen Funktionen an, mit denen Sie den Bildern eine Druckauflösung zuweisen können. Gehen Sie z.B. im Photoshop in das Menü „Bearbeiten/Bildgröße". Sie bekommen nun Angaben zu DPI, Zentimetern und Bildpunkten. Weisen Sie im Feld „DPI" der Bilddatei nun den Wert 300 oder 240 zu. Ganz wichtig ist dabei, dass Sie die Funktion „Neuberechnen" ausschalten, da sonst Photoshop anfängt zu interpolieren – und das wollen Sie ja nicht. Sie haben nun Ihrer Bilddatei einen neuen Auflösungswert zugewiesen, dabei aber die Bildinformationen an sich unangetastet gelassen! Bei der Eingabe der neuen DPI-Werte hat sich lediglich die Bildgröße geändert, nämlich in 36,17 x 24,11 Zentimeter bei 300 DPI – das ist DIE Ausgabegröße, bei der Drucker und Bilddatei am besten miteinander harmonieren! Wollen Sie größer drucken, so nutzen Sie die Werte 200 DPI oder 240 DPI. Für große Bilder, bei denen der Betrachtungsabstand auch groß ist, sind das ebenfalls noch hervorragende Auflösungswerte. Sie können die Bildgröße aber auch manuell berechnen.

4272 Pixel	:	300 DPI (Pixel pro Inch)		= 14,24 Inch.
14,24 Inch	x	2,54		= 36,17 Zentimeter.
2848 Pixel	:	300 DPI	= 9,49 Inch	= 24,11 Zentimeter.

Alle Bildbearbeitungsprogramme bieten diese Funktion, wobei Ort und einfache Bedienung sehr unterschiedlich sein können.

Die mobile Lösung:
Die Drucker der SELPHY CP- und ES-Serie.

*Praktisch, kompakt: und ausgezeichnete Qualität:
die Drucker der SELPHY -Serie.*

Die aktuellen DirectPrinter der CP- und ES-Serie produzieren per Thermosublimationsverfahren hochwertige Fotos im Postkartenformat, das in der traditionellen Fotografie besonders beliebt ist. Sie sind ein kompakter Begleiter für Canon Digitalkameras, wobei bei einigen sogar durch Akkubetrieb noch mehr Mobilität möglich ist. Die Printer drucken wahlweise zwei Formate: zur Auswahl stehen das perfekt auf Fotoalbum und Rahmen zugeschnittene Postkartenformat (148 x 100 mm) und das Brieftaschen gerechte Scheckkartenformat. Beide Formate bedrucken die digitalen Designerstücke auf Wunsch mit oder ohne Rand. Wer sein Konterfei nicht nur direkt drucken, sondern auch direkt aufkleben möchte, greift zum Stickermaterial, auf dem acht einzeln abziehbare Minibildchen Platz finden.

Typische Weitwinkelaufnahme mit EF 17-40mm L USM. Solche Motive wirken am besten auf dem Professional Fotopapier PR-101.

Sofortbilder unterwegs mit SELPHYs

Besonders praktisch sind die SELPHY CP750 und SELPHY ES2, die auch mit optionalem Akku betrieben werden können. Dadurch können die kleinen Drucker auch on-location, direkt vor Ort eingesetzt werden. Praktisch für die Prüfung der Belichtung, der Beleuchtung oder der Schärfentiefe! Oder einfach nur, um dem Fotomodell gleich einen Ausdruck in die Hände drücken zu können – praktisch ist diese Möglichkeit des Druckens allemal. Bislang blieb der Sofortbildeinsatz vor Ort nur dem Mittel- und Großformat vorbehalten.

Zu guter Letzt

So, Sie haben jetzt einige tolle Aufnahmen im Kasten, im Computer bearbeitet und mit eindrucksvoller Qualität ausgedruckt. Es wäre schade, wenn zu diesem Zeitpunkt Ihr Esprit nachlässt, denn Ihre Bilder haben eine perfekte Präsentation verdient. Damit meine ich natürlich nicht den Schuhkarton und rahmenlose Bilderhalter. Kleben Sie doch Ihre Fotos auf einen starken neutralen Karton auf. Die Bilder sind so auch nach langer Zeit plan. Da der Karton größer als das Bild sein sollte, wird beim Anschauen auch nur der Karton und nicht das Bild angefasst – das schützt vor Fingerabdrücken auf dem Bild.

Den letzten Schliff geben Sie Ihren Bildern, wenn Sie ihnen ein schönes Passepartout gönnen: Es gibt sie in den Standardgrößen für wenig Geld zu kaufen, selber schneiden ist auch nicht schwierig. Dann noch ein schöner Rahmen – toll! Sie werden staunen, wie die Bilder durch eine hochwertige Präsentation gewinnen.

Auch eine Präsentation über den PC oder einen Video-Beamer sollte gut vorbereitet sein. Zu viele und effektverliebte Überblendungen lenken von den Bildern ab. Am besten sind unauffällige Überblendeffekte, wie wir sie aus Film und Diashows kennen. Richtig schön fließend wird die Dia-Show am PC, wenn alle Bilder im Querformat vorliegen. So wird die volle Monitorauflösung genutzt und der Bildfluss nicht durch Formatwechsel gestört. Die meisten DVD-Player erlauben inzwischen das Abspielen von JPEG-Dateien von CD-ROM. Damit steht der Präsentation über den Fernseher nun auch nichts mehr im Wege.

Dieses Schwarzweißbild war ursprünglich eine Farbaufnahme. Eine einfache Umwandlung in ein Graustufenbild hätte etwas kraftlos ausgesehen und die Tonwerte nicht optimal reproduziert. Besser ist der Kanalmixer in Photoshop: Im Monochrommodus sollte man mit einem 20/60/20%-Mix beginnen.

Eigentlich hört die Digital-Imaging-Idee erst bei diesem letzten Schritt auf – denn was nützen Ihnen eine perfekte Kamera, ein perfekter Fotograf, ein guter PC und ein perfekter Ausdruck, wenn die Bildpräsentation das schwächste Glied der Kette ist. Es wäre schade um die ganze Mühe und Zeit, die Sie investiert haben!

Nun aber wirklich....

Ich hoffe, dass Ihnen dieses Buch ein paar Tipps und Anregungen geben konnte. Das eine oder andere kam Ihnen wahrscheinlich bekannt oder schlimmstenfalls banal vor, dennoch glaube ich, dass für jede Leserin und für jeden Leser etwas Neues und Interessantes dabei war. Für mich persönlich wäre dieses Buch ein Erfolg, wenn ich Sie mit dem Virus Fotografie anstecken konnte – und das trotz oder vielleicht auch wegen meines etwas pedantischen und puristischen Qualitätsverständnisses. Auf jeden Fall wünsche ich Ihnen noch sehr viel Spaß und Freude mit Ihrer EOS 450D. Vielleicht stecken Sie ja Ihren Freundes- und Bekanntenkreis auch mit diesem Virus an.

Ihr Guido Krebs

Klare Farben und eine feine Differenzierung der Farben und Helligkeitsstufen sind die Stärke der digitalen EOS Modelle.

Objektivtabelle

EF Objektive	Optischer Aufbau (Linsen/Glieder)	Asphärische Linsen	UD-/Super-UD-Linsen	Calciumfluorit-/ DO-Linsen	Kleinste Blende	Blendenlamellen
EF 16-35mm 1:2.8L USM II	16/12	3	2		22	7
EF 17-40mm 1:4L USM	12/9	3	1		22	7
EF 20-35mm 1:3.5-4.5 USM	12/11				22 – 27	5
EF 24-70mm 1:2.8L USM	16/13	2	1		22	8
EF 24-85mm 1:3.5-4.5 USM	15/12	1			22 – 32	6
EF 24-105mm 1:4L IS USM	18/13	3	1		22	8
EF 28-90mm 1:4-5.6 II USM	10/8	1			22 – 32	5
EF 28-105mm 1:4-5.6 USM	10/9	1			22 – 32	6
EF 28-105mm 1:3.5-4.5 II USM	15/12				22 – 27	7
EF 28-135mm 1:3.5-5.6 IS USM	16/12	1			22 – 36	6
EF 28-200mm 1:3.5-5.6 USM	16/12	2			22 – 36	6
EF 28-300mm 1:3.5-5.6L IS USM	23/16	3	3		22 – 38	8
EF 55-200mm 1:4.5-5.6 II USM	13/13				22 – 27	6
EF 70-200mm 1:2.8L IS USM	23/18		4		32	8
EF 70-200mm 1:4L USM	16/13		2	1 CaFl	32	8
EF 70-200mm 1:4L IS USM	20/15		2	1 CaFl	32	8
EF 70-300mm 1:4.5-5.6 DO IS USM	18/12	1		1 DO	32 – 38	6
EF 70-300mm 1:4-5.6 IS USM	15/10		1		32 – 45	8
EF 75-300mm 1:4-5.6 III USM	13/9				32 – 45	7
EF 75-300mm 1:4-5.6 III	13/9				32 – 45	7
EF 90-300mm 1:4.5-5.6	13/9				38 – 45	7
EF 100-300mm 1:4.5-5.6 USM	13/10				32 – 38	8
EF 100-400mm 1:4.5-5.6L IS USM	17/14		1	1 CaFl	32 – 38	5
EF 15mm 1:2.8 Fischauge	8/7				22	5
EF 14mm 1:2.8L II USM	14/11	2	2		22	5
EF 20mm 1:2.8 USM	11/9				22	5
EF 24mm 1:1.4L USM	11/9	1	1		22	7
EF 24mm 1:2.8	10/10				22	6
EF 28mm 1:1.8 USM	10/9	1			22	7
EF 28mm 1:2.8	5/5	1			22	5
EF 35mm 1:1.4L USM	11/9	1			22	8
EF 35mm 1:2	7/5				22	5
EF 50mm 1:1.2L USM	8/6	1			16	8
EF 50mm 1:1.4 USM	7/6				22	8
EF 50mm 1:1.8 II	6/5				22	5
EF 85mm 1:1.2L II USM	8/7	1			16	8
EF 85mm 1:1.8 USM	9/7				22	8
EF 100mm 1:2 USM	8/6				22	8

Größter Abbildungsmaßstab	Abstands-Information	AF-Motor	Durchmesser x Länge (mm)	Gewicht (g)	Abbildungsmaßstab mit EF 12 II	Abbildungsmaßstab mit EF 25 II	Gegenlichtblende	Filter-Durchmesser
0,22 (bei 35mm)	ja	USM	88,5 x 111,6	640	0,62 – 0,36	1,11 – 0,80	EW-88	82
0,24 (bei 40mm)	ja	USM	83,5 x 96,8	500	0,83 – 0,32	1,02 – 0,70 13	EW-83E	77
0,13 (bei 35mm)	ja	USM	83,5 x 68,9	340	0,70 – 0,36	1,00 – 0,80	EW-83II	77
0,29 (bei 70mm)	ja	USM	83,2 x 123,5	950	0,63 – 0,18	0,75 – 0,40 13	EW-83F	77
0,16 (bei 85mm)	ja	USM	73 x 69,5	380	0,59 – 0,15	1,23 – 0,33	EW-73II	67
0,23 (bei 105mm)	ja	USM	83,5 x 107	670	0,40 – 0,12	0,61 – 0,27	EW-83H	77
0,30 (bei 90mm)	ja	MM	67 x 71,2	190	0,56 – 0,14	1,13 – 0,31	EW-60C	58
0,19 (bei 105mm)	ja	Mikro USM II	67 x 68	210	0,54 – 0,42	1,11 – 0,94	EW-63B	58
0,19 (bei 105mm)	ja	USM	72 x 75	375	0,53 – 0,12	0,75 – 0,27	EW-63II	58
0,19 (bei 135mm)	ja	USM	78,4 x 96,8	540	0,53 – 0,09	1,09 – 0,21	EW-78BII	72
0,28 (bei 200mm)	ja	Mikro USM	78,4 x 89,6	500	0,54 – 0,06	1,10 – 0,14	EW-78D	72
0,30 (bei 300mm)	ja	USM	92 x 184	1.670	0,50 – 0,04	0,50 – 0,09 13	ET-83G	77
0,21 (bei 200mm)	—	Mikro USM	70,4 x 97,3	310	0,29 – 0,06	0,50 – 0,14	ET-54	52
0,17 (bei 200mm)	ja	USM	86,2 x 197	1.570	0,22 – 0,06	0,41 – 0,14	ET-86	77
0,21 (bei 200mm)	ja	USM	76 x 172	705	0,29 – 0,06	0,39 – 0,13	ET-74	67
0,21 (bei 200mm)	ja	USM	76 x 172	760	0,28 – 0,06	0,42 – 0,14	ET-74	67
0,19 (bei 300mm)	ja	USM	82,4 x 99,9	720	0,26 – 0,04	0,46 – 0,09	ET-65B	58
0,26 (bei 300mm)	ja	Mikro USM	76,5 x 142,8	630	0,32 – 0,04	0,39 – 0,09	ET-65B	58
0,25 (bei 300mm)	—	Mikro USM	71 x 122	480	0,31 – 0,04	0,39 – 0,09	ET-60	58
0,25 (bei 300mm)	—	MM	71 x 122	480	0,31 – 0,04	0,39 – 0,09	ET-60	58
0,25 (bei 300mm)	ja	MM	71 x 114,7	420	0,20 – 0,13	0,36 – 0,29	ET-60	58
0,20 (bei 300mm)	ja	USM	73 x 121,5	540	0,26 – 0,04	0,37 – 0,09	ET-65III	58
0,20 (bei 400mm)	ja	USM	92 x 189	1.380	0,25 – 0,03	0,35 – 0,07	ET-83C	77
0,14	—	AFD	73 x 62,2	330	0,94 – 0,80	—	—	Filterhalterung
0,15	ja	USM	80 x 94	645	—	—	—	Filterhalterung
0,14	ja	USM	77,5 x 70,6	405	0,72 – 0,60	—	EW-75II	72
0,16	ja	USM	83,5 x 77,4	550	0,66 – 0,50	—	EW-83DII	77
0,16	—	AFD	67,5 x 48,5	270	0,64 – 0,50	1,22 – 1,11	EW-60II	58
0,18	ja	USM	73,6 x 55,6	310	0,61 – 0,43	1,13 – 0,96	EW-63II	58
0,13	—	AFD	67,4 x 42,5	185	0,56 – 0,43	1,09 – 0,95	EW-65II	52
0,18	ja	USM	79 x 86	580	0,54 – 0,36	0,97 – 0,79	EW-78C	72
0,23	—	AFD	67,4 x 42,5	210	0,58 – 0,35	1,00 – 0,77	EW-65II	52
0,11	ja	USM	85,8 x 65,5	570	0,39 – 0,24	0,67 – 0,53	ES-78	72
0,15	—	Mikro USM	73,8 x 50,5	290	0,39 – 0,24	0,68 – 0,53	ES-71II	58
0,15	—	MM	68,2 x 41	130	0,39 – 0,24	0,68 – 0,53	ES-62	52
0,11	ja	USM	91,5 x 84	1.025	0,25 – 0,15	0,42 – 0,33	ES-79II	72
0,13	ja	USM	75 x 71,5	425	0,27 – 0,15	0,44 – 0,32	ET-65III	58
0,14	ja	USM	75 x 73,5	460	0,27 – 0,13	0,42 – 0,28	ET-65III	58

Objektivtabelle

EF Objektive	Optischer Aufbau (Linsen/Glieder)	Asphärische Linsen	UD-/Super-UD- Linsen	Calciumfluorit-/ DO-Linsen	Kleinste. Blende	Blendenlamellen
EF 135mm 1:2L USM	10/8		2		32	8
EF 135mm 1:2.8 (Softfokus)	7/6	1			32	6
EF 200mm 1:2.0L IS USM	17/12		2	1 CaFl	32	8
EF 200mm 1:2.8L II USM	9/7		2		32	8
EF 300mm 1:2.8L IS USM	17/13		2	1 CaFl	32	8
EF 300mm 1:4L IS USM	15/11		2		32	8
EF 400mm 1:2.8L IS USM	17/13		2	1 CaFl	32	8
EF 400mm 1:4 DO IS USM	17/13			1 DO + 1 CaFl	32	8
EF 500mm 1:4L IS USM	17/13		2	1 CaFl	32	8
EF 600mm 1:4L IS USM	17/13		2	1 CaFl	32	8
EF 800mm 1:5.6L IS USM	18/14		2	2 CaFl	32	8
Extender EF 1.4x II	5/4				—	—
Extender EF 2x II	7/5				—	—
EF 50mm 1:2.5 Kompakt Makro	9/8				32	6
1:1-Konverter EF für EF 50mm 1:2.5 Makro	4/3				—	—
Lupenobjektiv MP-E 65mm 1:2.8	10/8				16	6
EF 100mm 1:2.8 Makro USM	12/8				32	8
EF 180mm 1:3.5L Makro USM	14/12		3		32	8
Zwischenring EF 12 II					—	
Zwischenring EF 25 II					—	—
TS-E 24mm 1:3.5L	11/9	1			22	8
TS-E 45mm 1:2.8	10/9				22	8
TS-E 90mm 1:2.8	6/5				32	8
EF-S Objektive						
EF-S 10-22mm 1:3.5-4.5 USM	13/10	3	1		22 - 29	6
EF-S 17-55mm 1:2.8 IS USM	19/12	3	2		22	7
EF-S 17-85mm 1:4-5.6 IS USM	17/12	1			22 - 32	6
EF-S 18-55mm 1:3.5-5.6 II	12/9				22 – 38	6
EF-S 18-55mm 1:3.5-5.6 IS	11/9	1			22 – 38	6
EF-S 55-250mm 1:4-5.6 IS	12/10		1		22 – 38	7
EF-S 60mm 1:2.8 Makro USM	12/8				32	7

Anhang

Größter Abbildungsmaßstab	Abstands-Information	AF-Motor	Durchmesser x Länge (mm)	Gewicht (g)	Abbildungsmaßstab mit EF 12 II	Abbildungsmaßstab mit EF 25 II	Gegenlichtblende	Filter-Durchmesser
0,19	ja	USM	82,5 x 112	750	0,29 – 0,09	0,41 – 0,20	ET-78II	72
0,12	—	AFD	69,2 x 98,4	390	0,22 – 0,09	0,33 – 0,20	ET-65III	52
0,12	ja	USM	128 x 208	2520	0,19 – 0,6	0,14 – 0,26	ET-120B	52 Steckfilter
0,16	ja	USM	83,2 x 136,2	765	0,23 – 0,06	0,32 – 0,14	ET-83BII	72
0,13	ja	USM	128 x 252	2.550	0,18 – 0,04	0,24 – 0,09	ET-120	52 Steckfilter
0,24	ja	USM	90 x 221	1,19	0,30 – 0,04	0,37 – 0,09	—	77
0,15	ja	USM	163 x 349	5.370	0,19 – 0,03	0,23 – 0,06	ET-155	52 Steckfilter
0,12	ja	USM	128 x 232,7	1.940	0,16 – 0,03	0,20 – 0,07	ET-120	52 Steckfilter
0,12	ja	USM	146 x 387	3.870	0,15 – 0,03	0,18 – 0,05	ET-138	52 Steckfilter
0,12	ja	USM	168 x 456	5.360	0,14 – 0,02	0,17 – 0,05	ET-160	52 Steckfilter
0,14	ja	USM	163 x 461	4.500	0,16	0,19	ET-155	52 Steckfilter
—	ja	—	72,8 x 27,2	220	—	—	—	—
—	ja	—	71,8 x 57,9	265	—	—	—	—
0,5	—	AFD	67,6 x 63	280	0,74 – 0,24	1,04 – 0,54	—	52
1	—	—	67,6 x 34,9	160	—	—	—	—
5	ja	—	81 x 98	710	—	—	—	58
1	—	USM	79 x 119	600	1,19 – 0,12	1,39 – 0,26	ET-67	58
1	ja	USM	82,5 x 186,6	1.090	1,09 – 0,07	1,21 – 0,15	ET-78II	72
—	—	—	66,5 x 12,3	66	—	—	—	—
—	—	—	67,6 x 27,3	125	—	—	—	—
0,14	—	—	78 x 86,7	570	0,62 – 0,49	1,21 – 1,10	EW-75BII	72
0,16	—	—	81 x 90,1	645	0,44 – 0,27	—	EW-79BII	72
0,29	—	—	73,6 x 88	565	0,43 – 0,14	0,60 – 0,31	ES-65III	58
0,17 (bei 22mm)	ja	USM	89,8 x 83,5	385	0,77 – 0,58	1,51 – 1,28	EW-83E	77
0,17 (bei 55mm)	ja	USM	83,5 x 110,6	645	0,45 – 0,23	0,51 – 1,71*	EW-83J	77
0,28 (bei 85mm)	ja	USM	78,5 x 92	475	0,43 – 0,14	0,72 – 0,33	EW-73B	67
0,28 (bei 55mm)	ja	MM	68,5 x 66	190	0,81 – 0,23	0,92 – 0,51	EW-60C	58
0,34 (bei 55mm)	ja	MM	68,5 x 70	200	0,64 – 0,23	1,00 – 0,51	EW-60C	58
0,31 (bei 55mm)	ja	MM	71 x 108	390	0,60 – 0,05	0,47 – 0,11	ET-60	58
1	ja	USM	73 x 69,8	335	1,28 – 0,20	1,61 – 0,44	ET-67B	52

* nicht empfohlen

Index

A-DEP	73f
Abbildungsmaßstab	41f, 123
Abblendtaste	70
Adobe Gamma	232
Adobe RGB	80, 221ff, 230ff
AFD	104
AI Focus AF	45f
AI Servo AF	45
Asphären	108f
Aufhellblitzen	165
Aufnahmeabstand	115ff
Ausbelichtung	271
Autofokus	43ff, 104ff
Autofokus-Messpunktwahl	47
Autofokus-Messwertspeicher	44
Autoladegerät	185
Balgengerät	158
Belichtung, manuelle	73
Belichtungskorrektur	64
Belichtungsmessung	58ff
Belichtungsreihenautomatik	66f
Belichtungszeit	33ff
Bewegungsunschärfe	34, 72, 76
Bildauflösung	279ff
Bildstabilisator	106f
Blende	33ff, 103
Blendenautomatik	72
Blendenzahl	37
Blitzbelichtungskorrektur	172f
Blitzen	170ff,
Blitzen, entfesselt	172ff
Blitzen, indirekt	170ff
Blitzkabel	174
Blitzsynchronisation	96, 165
Bracketing	66f
Brechung	110
Brennweite	113ff
Brennweitenfaktor	122, 123ff
Brennweitenvergleich	123ff
C1, C2 C3	30
C-Fn	47, 96ff

INDEX

CMOS	10
CR2	207ff
CRW	206ff
Custom Funktionen	96ff
Digital Photo Professional	87, 218ff
DirectPrint	282ff
Dispersion	109
DO-Objektive	111f
DPI	266f, 279ff,
DPP	87, 218ff
Druckauflösung	279f
Druckertreiber	279f
Druckverfahren	260ff
ECI-RGB	230ff
EF-Objektive	103ff, 129, 288ff
EF-S-Objektive	129, 288ff
EMD	103
EOS Utility	213f
E-TTL	160ff
Effektfilter	189
Entzerren	155, 256ff
EX-Blitzgeräte	167ff
Extender	156
Farbmanagement	228ff
Farbprofile	228ff
Farbraum	79f
Farbtemperatur	52
Farbtiefe	203ff
Farbton-Einstellung	93ff, 205f
FD-Adapter	159
Fernbedienung	214
Festbrennweiten	131ff
Filmempfindlichkeit	54ff
Filter	186ff
Firmware	197
Fischauge	151
Fluorit-Linsen	111
Fokussierung, manuelle	106
Fototinten	268f
Fotopapiere	270ff
Gegenlichtblende	157

GP-401, GP-501	273
Gradation	244
Grafiktablett	248
Haltbarkeit	276
Helligkeitskorrektur	242
Histogramm	67f, 233f, 243f
Image Stabilizer	106f
Integralmessung, mittenbetonte	61
ISO	54ff
JPEG	92, 204f
Kabelauslöser	182
Kelvin	52ff
Kontrastanpassung	247f
Kontrast-Einstellung	83f, 201f
Korrekturfilter	187
Kreuzsensor	43
Kunstlicht	50
Kurzzeit-Synchronisation	165f
L-Objektive	112
Landschaftsaufnahme-Modus	76
LCD-Monitor	12
Leuchtstoffröhren	52
Lichtmessung	63
Lichtstärke	38, 47
Live View Modus	26
Live Bild	26, 215
Makrofotografie	192ff
Makro-Objektive	149f, 191
Makrozubehör	158, 169, 184f
Makro-Blitzgeräte	166, 193
Master/Slave	176
Mehrfeldmessung	59
Messwertspeicher	64, 65f, 97
Mikrolinse	12
Mired	53
Monitor	228f
Motivprogramme	76ff
MP-101	275
My Menu	29
Nachtportraitaufnahmen	77
Nahaufnahmeprogramm	77

Index

Nahlinsen	185
Normalbrennweite	114, 118, 133
Objektive	102ff, 288ff
Öffnung, relative	37f
Okularverlängerung	183
One-Shot	47f
Panoramafotografie	249ff
Papier	272ff
Parameter-Einstellungen	83ff
Perspektive	114ff
PictBridge	282ff
Picture Styles	83ff
Polarisationsfilter	186f
Portrait-Modus	77
PP-101	275
Programmautomatik	68f
Rauschen	54
RAW	87, 206ff,
RGB	79
Safety-Shift	99
Sättigungs-Einstellung	92f, 218f
Schärfe-Einstellung	80ff, 90f, 218f
Schärfentiefe	23, 39ff, 73, 76
Schärfentiefeautomatik	73
Schärfentiefenvergleich	41
Schnittstellen	211ff
Schwarzweißfilter	187f
Schwarzweißmodus	94ff, 218ff
Selektivmessung	61
Sensorreinigung	194ff
Serienbilder	95
Set-Taste	98
SG-101	275
Shift	150, 256f
Slave-Blitz	167
Softfokus-Objektiv	150
Speedlite	160ff
Speicherformate	204f
Speichermedien	204
Speichern	202ff
Spiegelreflexprinzip	16

Sport-Modus	76
Spotmessung	61
sRGB	79f, 228ff, 235
ST-E2	174
Stativ	189f, 251
Streulichtblende	157
Studioblitz	179ff
Tageslicht	48
Telebrennweite	114, 118, 133ff, 144ff
Telekonverter	156
Telezoom	144ff
Thermosublimationsdruck	260ff
Tilt	153
Timer	183
Tintenstrahldruck	263ff
Tonwertkorrektur	242f
Tonwert-Priorität	28, 97
TS-E Objektive	152ff
UD-Linsen	109
Universalzoom	140ff
Unscharfmaskierung	245f
USB	212ff
USM	105f
Verwackelungsgefahr	35, 70, 72
Verzeichnung	128
Vignettierung	127
Wasserwaage	191, 250
Wechselmattscheiben	28f
Weichzeichner-Objektiv	150
Weitwinkelbrennweite	115, 118, 130ff, 139f
Weißabgleich	50ff
WFT-E3	184f
Winkelsucher	183
WLAN-Transmitter	184f
Zeitautomatik	70f
Zoomobjektive	139ff
Zwischenringe	158, 192